Wie Katzen
TICKEN

Wie Katzen TICKEN

Gefühle und Gedanken unserer Stubentiger

von Marlitt Wendt

Copyright © 2010 by Cadmos Verlag GmbH, Schwarzenbek
Gestaltung und Satz: jb:design – Johanna Böhm, Möhnsen
Titelfoto: Animals digital/Thomas Brodmann
Innenfotos ohne Fotonachweis: Animals digital/Thomas Brodmann
Lektorat: Anneke Bosse
Druck: Westermann Druck, Zwickau

Deutsche Nationalbibliothek – CIP-Einheitsaufnahme
Die Deutsche Nationalbibliothek verzeichnet diese Publikation in der Deutschen Nationalbibliografie; detaillierte bibliografische Daten sind im Internet über http://dnb.ddb.de abrufbar.

Alle Rechte vorbehalten.

Abdruck oder Speicherung in elektronischen Medien nur nach vorheriger schriftlicher Genehmigung durch den Verlag.

Printed in Germany

ISBN 978-3-8404-4003-8

Inhalt

Einblicke in die Katzenseele 09

Wo die Gefühle wohnen – Die Emotionen 11
- **Entstehung und Funktion der Gefühle** 11
- **Ein buntes Wollknäuel an Gefühlen** 13
  - Angst 13
  - Ärger 13
  - Freude 14
- **Emotionale Konflikte und Handlungsspielraum der Katze** 15
- **Fabelwesen Katze – Körpersprache als Ausdruck der Gefühle** 16

Die Schule des Lebens – Das Lernen 21
- **Erfolgreiche Schmeichler** 21
- **Gewitzte Schlaumeier** 23
- **Liebenswerte Tyrannen** 25
  - Positives Lernen 26
  - Sehen und Verstehen 27

Hochleistung vom Kopf bis zum Schwanz – Die Sinne 31
- **Ein Erfolgsmodell der Evolution** 31

- Das Sehen 31
- Das Hören 33
- Der Geruchssinn 33
- **Unheimliche Wahrnehmung** 35
- Der Tastsinn 35
- Unerklärliche Phänomene 36
- Der siebte Sinn 37

Die Welt hinter den Katzenaugen – Das Gehirn 39
- **Kleine Gedächtniskünstler** 39
- **Ein schnelles Gehirn für flinke Jäger** 40
- **Clevere Katzen** 43

Krallenscharfer Verstand und scharf gewetzte Gedanken – Die Intelligenz 47
- **Intelligenzbestien auf vier Pfoten** 47
  - Kurzzeit-/Langzeitgedächtnis 47
  - Kreativ nach Katzenart 48
- **Katzenschläue** 50
  - „Schubladendenken" nach Katzenart .. 50
  - Gehirnjogging macht die Katze schlau 51
  - Katzen-Mathematik 53
- **Die zweisprachige Hauskatze** 53

Inhalt

**Spielend die Welt entdecken –
Das Spielen** 57
  Spiel oder Ernst? 57
    Das soziale Spiel 58
    Das individuelle Spiel 59
  Spielernaturen unter sich 60
  Spielen mit Fantasie 62

**Schnurrendes Glück –
Das Wohlbefinden** 65
  Das Glück hat viele Gesichter 65
  Zärtliche Raubkatzen 68
  **Ich fühl mir die Welt, wie sie
  mir gefällt** 69

**Haarige Zustände –
Der Stress** 73
  Schmollende Katzen 73
    Zeichen für Dauerstress 75
    Stresstypen 77

**Stress im Mehrkatzenhaushalt
vorbeugen** 78
  Im Schlaraffenland herrschen Ruhe
  und Frieden – meistens jedenfalls 78
  Stille Örtchen 79

**Nachts sind alle Katzen schlau –
Das Schlafen und Träumen** 81
  Die Schlafperfektionisten 81
  Schnurrende Träume 84
    Schlafstörungen 88
  Das geheime Nachtleben 89

Nachwort 91

Anhang 93
  Tipps zum Weiterlesen 93
  Kontakt zur Autorin 93
  Register 94

Einblicke in die KATZENSEELE

Zur imposanten Verwandtschaft unserer häuslichen Samtpfoten gehören neben den heute noch existierenden Großkatzen wie Löwe und Puma auch die längst ausgestorbenen Säbelzahntiger, die das Gewicht eines japanischen Kleinwagens besaßen. Und obwohl unsere Stubentiger allein schon wegen ihrer Körpergröße wesentlich handzahmer sind, so stehen sie als Vertreter der Kleinkatzen doch mit ihrem unerschütterlichen Selbstbewusstsein ihren großen Verwandten in nichts nach. Möglicherweise ist es diese innere Größe, die wir so sehr an unseren Katzen bewundern, ihr Mut, der gepaart mit einer unvergleichlichen Sensibilität und Liebesbereitschaft den einzigartigen Charakter dieser wundervollen Geschöpfe ausmacht. Katzen sind so sehr im Reinen mit sich und ihrem Lebensstil, dass man nicht umhinkommt, schweigend zu beobachten und die Tiere in ihrer Grazie zu bewundern. Dabei verstehen wir immer noch viel zu wenig von dem, was in ihrem Inneren vor sich geht.

Das Gehirn unserer Hauskatze gleicht auf den ersten Blick dem unsrigen, nur dass es ein wenig kleiner geraten ist. Sicher sind wir der Katze intellektuell überlegen, aber es gibt dennoch eine ganze Reihe Parallelen zwischen unserem und ihrem Verstand, die es zu entdecken gilt. Katzen leben ebenso wie Menschen in einer Gefühls- und in einer Verstandeswelt, sie können tiefe Empfindungen erleben, Erinnerungen speichern, neue Sachverhalte lernen und auf ihre ganz eigene kätzische Art und Weise logisch denken. Ihr Wesen und ihr Verstand sind dem Menschen nicht prinzipiell untergeordnet, sie sind vor allem durch ihre einzigartige Sinnesleistung und Gehirnstruktur anders als die des Menschen.

Ich möchte in diesem Buch den Versuch starten, gemeinsam mit Ihnen der Persönlichkeit der Katze auf die Spur zu kommen. Dazu werden wir neben der Analyse der von außen sichtbaren Verhaltensweisen auch einen Ausflug in die Katzenpsyche unternehmen, um zu verstehen, wie ihre Sinne und ihr Gehirn funktionieren, und um so ein wenig mehr dem Geheimnis auf die Spur zu kommen, wie Katzen fühlen und denken.

Wo die GEFÜHLE wohnen

DIE EMOTIONEN

Vielleicht lieben wir unsere Katzen so sehr, weil wir ihnen auf einer gemeinsamen Gefühlsebene begegnen können. Katzen sind sehr emotionale Tiere, sie teilen sich gegenseitig und auch uns Menschen mit – ob sie nun gerade aus purer Lebensfreude umhertollen, die Nachbarskatze abgrundtief verachten oder aber an unserem Krankenbett wachen, um tröstenden Kontakt aufzunehmen. Sie gelten als wahre Meisterinnen der Emotionsübertragung und sind in der Lage, uns das gesamte Spektrum ihrer Gefühlswelt mitzuteilen. Gerade deshalb hat der Kontakt mit Katzen einen therapeutischen Nutzen, der in vielen Studien wissenschaftlich nachgewiesen werden konnte. Sie lieben uns, wenn wir ihnen mit viel Respekt, Toleranz und Liebe entgegentreten. Aber sie grenzen sich sehr deutlich ab, wenn wir ihnen unangenehm zu nahekommen. Auch aus diesem Grund werden Katzen in vielen therapeutischen Einrichtungen, Seniorenheimen und sogar Justizvollzugsanstalten zur Therapie und Resozialisierung der Menschen eingesetzt. Welch ein wunderbares Tier ist die Katze, dass sie uns über ihr Kätzischsein hilft, unsere Menschlichkeit nicht zu verlieren. Dabei bleibt jede Katze eine einzigartige, vielschichtige Persönlichkeit, die eine ganz eigene emotionale Landschaft besitzt.

Entstehung und Funktion der Gefühle

Unter Emotionen verstehen die Verhaltensforscher das persönliche, individuelle Erleben von inneren Zuständen, äußeren Reizen oder bewussten Denkprozessen. Nach außen sichtbar werden die Emotionen einer Katze für uns nur durch die verschiedensten körpersprachlichen Verhaltensweisen. Die Katze empfindet Situationen auf eine bestimmte

Die selbstbewusste Katzenpersönlichkeit verrät sich schon durch ihre Körpersprache.

Wo die Gefühle wohnen – Die Emotionen

Art und Weise, damit das Gehirn angemessen reagieren und eine Handlung einleiten kann. Ziel der Emotionen ist es, ein seelisches Gleichgewicht zu erhalten oder wiederherzustellen.

Die Gehirne von Katzen sind zwar viel kleiner als unsere, in ihrer Funktionsweise unterscheiden sie sich jedoch nicht so stark, wie man vermuten könnte. Die Aktivität einzelner Hirnbereiche gleicht der Aktivität der entsprechenden Bereiche im menschlichen Gehirn. Daher kann durchaus davon ausgegangen werden, dass Katzen vergleichbare Emotionen wie Freude, Ärger oder Angst verspüren können. Sie erleben Situationen ähnlich wie wir Menschen aus einer Mischung der unterschiedlichsten Empfindungen. Dabei entstehen Gefühle durch einen einzigartigen Cocktail aus chemischen Botenstoffen und elektrischen Reizen in den unterschiedlichen Regionen des Gehirns.

Generell gelten unsere Stubentiger als sehr stabile Persönlichkeiten, die selbst nach sehr aufwühlenden Erlebnissen schnell wieder in ihr seelisches Gleichgewicht zurückfinden. So braucht unsere Katze nach einer intensiven Mäusejagd lediglich 15 bis 30 Minuten, um sich wieder zu beruhigen, wohingegen nach aggressiven Kämpfen mit der verhassten Nachbarskatze bis zu zwei Stunden vergehen können, bis sich die Katze wieder entspannt und ausgeglichen präsentiert.

Grundsätzlich gibt es sowohl ausdrucksstarke, extrovertierte Katzen, die sich bei jeder kleinen Gefühlsschwankung nach außen hin mitteilen und deren Körpersprache häufig leicht zu interpretieren ist, als auch gehemmte, introvertierte Katzen, deren Ausdrucksweise nur schwach ausgeprägt ist und subtil erscheint. Bei diesen Katzen können minimale Veränderungen der Körperhaltung schon Anzeichen für tiefe Gefühlswallungen oder im Extremfall auch für psychische Störungen sein.

Ein buntes Wollknäuel an Gefühlen

Zu den Basisemotionen zählen die grundsätzlichen Gefühlsregungen einer Katze. Unbestritten empfinden Katzen die lebenswichtigen Gefühle wie Angst, Ärger oder auch Freude. Ob sie jedoch in der Lage sind, komplexere Gefühlsregungen wie Eifersucht oder Trauer zu verspüren, bleibt wohl zumindest in nächster Zeit ihr Geheimnis. Hier können uns bisher nur Indizien auf die Spur ihres inneren Erlebens führen.

Angst

Die Angst ist ein lebenswichtiges Gefühl im Reich der Tiere und Menschen. Angst veranlasst die Katze, sich zu schützen und das eigene Leben ins Zentrum ihres Denkens zu stellen. Sie ist so gesehen eine der wichtigsten, elementarsten Emotionen. Die Angst fokussiert das gesamte Verhalten der Katze auf eine potenzielle Gefahrenquelle, und ihr kleines Gehirn ist dann ausschließlich damit ausgelastet, instinktiv Optionen für die Sicherung der eigenen Unversehrtheit abzuschätzen. Unter dem Einfluss des mächtigen Gefühls der Angst sind die Verdauung und das körperliche Wohlbefinden gestört, die Katze ist nicht in der Lage, logisch zu denken oder zu lernen.

Auch wir Menschen reagieren in angstbesetzten Situationen eher „aus dem Bauch heraus", verspüren starkes körperliches Unwohlsein und sind kaum in der Lage, rational zu denken.

Ärger

Ärger oder Wut hilft Katzen, sich gegenüber Artgenossen durchzusetzen, sich gegen Feinde zu verteidigen oder auch Beute zu erlegen. Der Körper wird in Alarmbereitschaft versetzt, die

Wenn wir Menschen uns zu sehr aufdrängen, weisen uns die Katzen sehr deutlich mit ihrem offensiven Drohverhalten zurecht.

Körperfunktionen für den Kampf werden hochgefahren, die Schmerzempfindlichkeit wird herabgesetzt, und alle Kräfte des Tieres werden mobilisiert. Eine ärgerliche Katze befindet sich in einem sehr kräftezehrenden Ausnahmezustand und benötigt nach einem derartigen Gefühlsausbruch einige Zeit zur Regeneration.

Freude

Freude hilft beim Lernen und Wohlfühlen. Diese Emotion entspannt den Körper der Katze und bringt sie dazu, sich gern an Plätzen aufzuhalten, die gut für sie sind. Katzen empfinden verschiedene Abstufungen der Freude; sie kann von einfacher Zufriedenheit über entspanntes Wohlbehagen bis hin zur euphorischen Begeisterung reichen. All diese positiven Emotionen haben eine Gemeinsamkeit: Das Glückszentrum im Gehirn wird angeregt, und die Katze wird versuchen, so empfundene Ereignisse zu wiederholen. Besonders offensichtlich ist die Freude der Katze natürlich im Spiel, die Zufriedenheit steht ihr aber auch bei einem wohligen Mittagsschläfchen auf dem Schoß ihres Menschen deutlich ins Gesicht geschrieben.

Wo die Gefühle wohnen – Die Emotionen

Die Freude hat viele Gesichter, sie reicht bei der Katze von Zufriedenheit über Wohlbehagen bis hin zu Euphorie.

Emotionale Konflikte und Handlungsspielraum der Katze

Wann immer sich eine Katze in einer inneren Konfliktsituation befindet, kann sie je nach Temperament, Persönlichkeit und Situation in verschiedenen Mustern reagieren. Früher dachte man, dass Katzen immer nach dem einfachen Schema „Flucht oder Angriff" handeln würden, dass man im englischen Sprachgebrauch als „Flight or Fight"- Konzept bezeichnet hat, was bedeuten würde, dass die Katze nur zwei Aktionsmöglichkeiten hätte.

Doch das Verhalten unserer Katzen ist tatsächlich wesentlich komplexer als bisher gedacht. Auf einen emotionalen Konflikt hat eine Katze prinzipiell vier verschiedene Reaktionsmöglichkeiten. Diese vier alternativen Handlungsoptionen einer Katze werden im englischen Sprachraum als die „vier Fs" bezeichnet. Jedes „F" steht dabei für eine Handlungsoption. Die Handlungsoptionen sind „Flight" wie Fliehen, „Fight" wie Kämpfen, „Freeze" wie Erstarren und „Flirt" wie Kommunizieren. Je nach Charakter, Temperament und persönlicher Einschätzung der Situation wird sich die Katze für eine dieser vier Möglichkeiten entscheiden. Sie wird nun versuchen, ihr emotionales Gleichgewicht durch die Flucht, einen Kampf, durch Erstarrung oder auch durch den Versuch der Kommunikation wiederherzustellen.

Am einfachsten lässt sich dieses Verhalten erklären, wenn wir uns unsere Katze in einer für sie alltäglichen Situation vorstellen: Nehmen wir einmal an, unsere Katze trifft ihren Erzfeind, den ungehobelten Kater aus dem Nachbarhaus, welcher frech durch ihren Vorgarten stolziert. Wie könnte nun unsere Katze reagieren? Sie könnte vor dem ungeliebten Kater fliehen („Flight") und sich so dem Eindringling entziehen. Sie könnte aber auch gegen den aufdringlichen Kater kämpfen („Fight") und ihn mit scharf gewetzten Krallen aus dem eigenen Garten vertreiben. Ebenso könnte sie einfach erstarren („Freeze") und hoffen, dass der unerwünschte Besucher seines Weges zieht und sie schlicht ignoriert. Oder unsere Katze verlässt sich auf ihre diplomatischen Fähigkeiten, indem sie mit dem Kater kommuniziert („Flirt") und so die Situation für beide Parteien nachhaltig entspannt. All diese Strategien haben unterschiedliche Vor- und Nachteile und werden von der Katze der jeweiligen Situation entsprechend angewendet. Außerdem gibt es unter Katzen ebenso wie unter den Menschen Typen, die leicht jähzornig reagieren und ihre emotionale Balance über eine Rauferei oder einen lautstarken Disput wiederherzustellen versuchen, während andere doch lieber ihr Gegenüber bezirzen und für sich einzunehmen vermögen.

Fabelwesen Katze – Körpersprache als Ausdruck der Gefühle

Ebenso wie Ihnen selbst Ihre Gefühle buchstäblich ins Gesicht geschrieben stehen, können auch bei unseren Katzen Rückschlüsse von ihrem Verhalten, ihrer

Der Schwanz ist das behaarte Stimmungsbarometer der Katze.

Wo die Gefühle wohnen – Die Emotionen

Körpersprache, Mimik und Körperreaktionen auf ihren Gemütszustand gezogen werden. Bei unerträglicher Angst können sich beispielsweise die Atmung und der Herzschlag extrem steigern, das Tier beginnt zu speicheln oder auch zu erbrechen. Ähnlich ergeht es auch vielen Menschen, die bei einem sehr spannenden Spielfilm mit übermäßiger Anspannung reagieren und dann Übelkeit empfinden.

Ein uns eher fremdes Phänomen ist das auf Englisch als „rolling skin" bezeichnete Zucken der Haut. Diese ungewöhnliche Bewegung der Haut bewirkt wellenförmige Hautrollen, welche ein eindeutiges Indiz für maximale Anspannung und Erregtheit darstellen.

Unsere Katzen sind wahre Ausdruckskünstler, sie haben eine extrem ausgefeilte Körpersprache, mit der sie sich vor allem über ihre Gefühle und Befindlichkeiten, ihre Wünsche und Beweggründe mitteilen können, sie „sprechen" buchstäblich mit ihrem gesamten Körper. Um die Gefühle einer Katze einschätzen zu können, kann quasi der Körper in Einzelbestandteile gegliedert werden, die jedes für sich betrachtet und analysiert werden können und dann in ihrer Summe die Emotionen des Tieres eindrucksvoll wiedergeben. Die Katze wird in unserer Beobachtung sozusagen abschnittsweise abgescannt. Dazu beginnen wir bei unserer Betrachtung mit dem Gesamteindruck, um dann zu immer feineren Nuancen der Körpersprache zu kommen. Es bietet sich an, den Körper der Katze in unterschiedliche Segmente aufzuteilen und nacheinander das Gesicht, die Bein- und Rückenhaltung und den Schwanz zu beurteilen. Das hört sich vielleicht sehr technisch an, aber machen Sie sich ruhig einmal den Spaß, Ihre Katze zu „scannen" und so ihre ureigenste Gefühlswelt genauer in Augenschein zu nehmen.

Schon die gesamte Körperhaltung gibt einen Überblick über das aktuelle Befinden der Katze. Eine

Die großen, runden Pupillen sind ein sicheres Anzeichen für eine erhöhte Aufmerksamkeit.

ängstliche Katze wird ihre Silhouette verkleinern und versuchen, sich möglichst unsichtbar zu machen, und sich zusammenkauern. Eine unentschlossene, ambivalente Katze reagiert mit dem typischen „Katzenbuckel" und sträubt ihr Fell, eine offensiv aggressive Katze wirkt hinten in der Hüftregion höher als vorn, da sie ihre Hinterbeine stärker streckt und dadurch ihre Seitenansicht vergrößert. Die defensiv abwehrbereite Katze liegt häufig in Halbseiten- oder Rückenlage und streckt ihre Waffen, die scharfen Krallen, an vorgestreckten Pfötchen heraus. Auch die Dynamik der Bewegungen gibt einen ersten Aufschluss über die Gefühlslage der Katze. Während die gelassene und spielerische Katze geschmeidig tänzelt, bewegt sich die Katze bei einer drohenden Gefahr wie in Zeitlupe extrem verlangsamt, um dann plötzlich mit ruckartigen Bewegungen loszuspringen.

Der Schwanz ist das behaarte Stimmungsbarometer der Katze. Sie richtet ihn freundlich gerade in die Höhe oder lässt ihn wie ein kleines Fragezeichen mit einem Bogen über den Rücken hängen, sie hält ihn starr aufrecht und sträubt die Schwanzhaare, wenn sie aufgeregt ist, oder klemmt ihn bei Angst zwischen die Hinterbeine. Bei Gefahr formt sie mit ihrem Schwanz ein auf den Kopf gestelltes U mit der Schwanzspitze nach hinten. Meist jedoch hängt der Schwanz neutral und locker pendelnd in einem 45-Grad-Winkel und endet mit der Spitze nach unten. Gerade die Schwanzspitze gibt sozusagen die Feinabstimmung der Schwanzhaltung wieder. Sie kann sich unaufgeregt langsam und mit Unterbrechungen bewegen oder bei Aufregung ruckartig zucken. Dieses eruptive Schlagen kann in einem Schwanzwedeln münden, das jedoch nicht wie häufig beim Hund als Ausdruck von Freude zu interpretieren ist, sondern eher ein Zeichen höchster Anspannung darstellt.

Der Kopf kann aus Unsicherheit oder Angst defensiv angezogen sein, er wird bei offensiver Aggression nach vorn gestreckt und häufig gesenkt. Eine freundlich gestimmte Katze dreht dagegen gern ihren Kopf leicht seitlich.

Besonders intensiv lassen sich die Emotionen im Gesicht der Katze ablesen. Die Ohren können aus der neutralen, nach vorn gerichteten und aufgestellten Ohrenstellung sehr stark variiert werden. Droht die Katze ihr Gegenüber aggressiv an, so stellt sie ihre Ohren seitlich schräg nach hinten, bei Angst und defensiver Aggression werden die Ohren seitlich fast komplett an den Schädel gepresst, sodass sie kaum noch sichtbar sind. Die Schnurrhaare werden bei erhöhter Aufmerksamkeit aus der entspannten Position eindrucksvoll wie Fühler nach vorn aufgespreizt.

Obwohl die Pupillengröße stark von dem Lichteinfall abhängt, so verändert sich die Größe der Pupille auch bei unterschiedlichen Erregungszuständen. Ist die Katze offensiv aggressiv, werden die Pupillen extrem spaltförmig verengt. Bei Angst oder vor dem spielerischen Angriff erscheint das ganze Auge riesengroß, schwarz und kugelrund. Daneben kann der geübte Beobachter auch die Gemütsverfassung an den aufgeblähten „Katzenbäckchen" ablesen, zum Beispiel, wenn der verschmuste Genießer auf unserem Schoß „dicke Backen" macht.

Gefühlswelt eines Raubtiers

Die Katze ist nicht nur anatomisch gesehen, sondern auch im Hinblick auf ihre Gefühlswelt ein typisches Raubtier: Sie wird emotional sehr stark von ihrer Neugierde angetrieben, denn diese angeborene Eigenschaft veranlasst die Katze dazu, sich in der Umgebung umzusehen, neue Futterquellen aufzutun und der Beute aufzulauern. Dennoch ist die Katze im Gegensatz zu einem Tiger oder Löwen ein sehr kleines Raubtier und hat somit ihrerseits eine große Anzahl von Feinden in der Natur.

Daher spielt die Vorsicht eine mindestens ebenso große Rolle im Leben einer Katze. Sie schaut sich in unbekannter Umgebung sehr genau um und liebt es, sich in einem sicheren Hinterhalt zu verstecken. Ein Raubtier muss zum Überleben in seiner Umwelt in der Lage sein, schnell und präzise zu reagieren, um seine Beutetiere erlegen zu können. Dazu müssen Katzen ihre Emotionen sehr intensiv erleben, sie treiben sie quasi zu einer Handlung oder Reaktion an.

Wo die Gefühle wohnen – Die Emotionen

Bei zärtlicher Zuwendung sehen wir das typische Schmusegesicht mit den aufgeblähten, dicken Bäckchen.

Die Schule des LEBENS

DAS LERNEN

Das Verstehen und das Weltbild einer Katze werden neben ihren Gefühlen vor allem von ihrem bewussten Denken, der sogenannten Kognition, bestimmt. Bei der katzentypischen Kognition werden Lernen, Gedächtnis, Problemlösung, Erkennen, Urteilsvermögen oder auch abstrakte Vorstellung in einem umfangreichen Prozess verarbeitet. Der Mensch verwendet in einer komplexeren Form der Kognition vor allem die Sprache, aber auch bei uns findet das Denken zusätzlich ebenso wie bei der Katze auf einem bildhaft-anschaulichen Niveau und aufgrund von Assoziationen statt. Katzen sind in der Lage, recht hohe kognitive Denkleistungen zu bewältigen, sie können sowohl bildhaft als auch abstrakt denken. Ganz allgemein versteht man unter dem Lernen die Änderung des Verhaltens als Resultat der individuellen, persönlichen Entwicklung. Das Lernen stellt damit eine Ergänzung im Handlungsspielraum einer Katze dar, zusammen mit den angeborenen Verhaltensweisen.

Erfolgreiche Schmeichler

Sofort nach der Geburt beginnt für das Katzenkind die Schule des Lebens. Schon mit etwa zehn Tagen können die Kleinen ihre Lieblingszitze an der mütterlichen Milchbar anhand des Geruchs wiedererkennen – die Katzenforscher sprechen hier von der sensorischen Orientierungsphase. Einzelne Kätzchen sind schon mit acht Wochen in der Lage, aus einer Reihe von ähnlichen Gegenständen den nicht dazu passenden herauszufinden. Kleinkinder sind dazu meist erst im Kindergartenalter imstande.

Dank ihres gut entwickelten Geruchsinns finden die kleinen Kätzchen schon früh ihren Stammplatz an der mütterlichen Milchbar.

Katzen können sogar das in der einen Lernsituation gelernte Wissen auf eine andere Situation übertragen. Diese Transferleistung ist in der Tierwelt ein sicheres Merkmal für ein sehr hoch entwickeltes Gehirn, zumal selbst sehr kleine Kätzchen beispielsweise aus einer Auswahl von geometrischen Figuren Dreiecke von Vierecken unterscheiden können. Zudem können sie dieses abstrakte Konzept auf weitere Merkmale wie Farbe oder Material erweitern. Das bedeutet, dass unsere Katzen sozusagen eine ganz eigene Form der Mengenlehre beherrschen, wobei sie Gegenstände und unbekannte Objekte sowohl unterscheiden als auch in Gruppen anordnen können. Der Lernfähigkeit der Kitten sind in diesem Alter weniger Grenzen gesetzt als den Möglichkeiten der Forscher, die kleinen Schüler mit hoher Motivation bei der Stange zu halten. Die kleinen Schlaumeier zeigen eindrucksvoll, wie stark die Lernerfolge in der Vergangenheit ihre aktuellen Entscheidungen bestimmen.

Auch wir Menschen entscheiden nach einer bestimmten Wahrscheinlichkeit, ob sich eine Handlung in der Vergangenheit als sinnvoll erwiesen hat oder nicht. Wir sind etwa stets gewohnt, nach der Betätigung des Lichtschalters in einen

Die Schule des Lebens – Das Lernen

hell erleuchteten Raum zu treten. Aber wenn der Raum dann einmal dunkel bleibt, weil möglicherweise die Glühlampe durchgebrannt ist, drücken wir trotzdem vermutlich mehrmals hektisch auf den Lichtschalter, da wir in der Vergangenheit unbewusst gelernt haben, dass das Licht mit einhundertprozentiger Wahrscheinlichkeit angeht, wenn wir es anknipsen. Unsere Vorerfahrung bestimmt hier unser Handeln. Diese Form der Wahrscheinlichkeitsrechnung beherrscht auch unsere Katze. Auch sie wird je nach Gewohnheit ihr Verhaltensmuster nur schwer ablegen, selbst wenn es in einer bestimmten Situation wenig Sinn macht. Viele Katzen, die in der Winterzeit gelernt haben zu miauen, um ihren Menschen dazu aufzufordern, ihnen die Haustür zu öffnen, werden das Miauen auch im Sommer vor der weit geöffneten Tür zeigen. Ihre katzentypische Art der Wahrscheinlichkeitsrechnung verleitet sie zu der Annahme, dass ihr forderndes Gemaunze immer vor einem Spaziergang zu erklingen habe, und auch der zuvorkommende Türöffner habe stets zu diesem Zweck anwesend zu sein.

Wichtig für uns Menschen ist die Tatsache, dass kleine Katzen bis zum Alter von sechs Wochen besonders leicht lernen. Hier findet der sogenannte Sozialisierungsprozess statt, der das Kätzchen auf das Leben als erwachsene Katze vorbereitet. Haben die kleinen Katzen in diesem Alter bereits regelmäßig Kontakt zum Menschen, werden gestreichelt und angehoben, so werden sie diese Handlungen als Selbstverständlichkeit für ihr späteres Leben als Stubentiger auffassen. Ist dieser Zeitabschnitt überschritten, so kann man eine Katze zwar zur Sanftheit und zur menschenbezogenen Vertrautheit erziehen, sie wird allerdings mühsam lernen müssen, was ihr in jüngerem Alter einfach zugefallen wäre.

Gewitzte Schlaumeier

Die wichtigste Lehrerin in der Schule des Lebens eines kleinen Katzenkindes ist seine Mutter. Aber auch die Geschwister, seltener auch der Vater und die „Tanten" und natürlich auch wir menschlichen Familienmitglieder, können die geistige Entwicklung des Kätzchens positiv begleiten. Schon im zarten Alter von ungefähr vier Monaten lernt eine Jungkatze, ein vor ihren Augen verstecktes Objekt zu suchen und wiederzufinden. Der Wissenschaftler nennt dieses Entwicklungsniveau Objektpermanenz. Die Katze versteht in diesem Stadium, dass ein momentan unsichtbarer Gegenstand sich nicht einfach in Luft aufgelöst haben kann, sondern weiterhin existiert.

Erstaunlicherweise erreicht die junge Katze diese Objektpermanenz schon sehr früh, während menschliche Kleinkinder diese Fähigkeit erst im Alter von etwa acht bis zwölf Monaten ausbilden. Vermutlich ist dies für das stark von seiner Mutter abhängige Menschenkind nicht so überlebenswichtig wie für die Katze, die sich als kleines Raubtier schon früh auf ihre Rolle als erfolgreiche Jägerin vorbereiten muss. Wir können dieses Phänomen eindrucksvoll beobachten, wenn ein scheinbar „verschwundenes" Spielzeug auch noch Stunden oder Tage später unter dem Sofa vermutet und aufgestöbert wird. Ein Beutetier verschwindet ja auch nicht ins Nirwana, sondern es ist lebenswichtig für die Katze, dass sie eine Vorstellung davon besitzt, wohin es verschwunden ist und wo man danach suchen sollte.

Auch die Fähigkeit, sich in ihrem Revier perfekt zurechtzufinden, ist eine erstaunliche kognitive Lernleistung der Katze. Katzen haben eine genaue Vorstellung von sich selbst in ihrer Welt. Sie orientieren sich offensichtlich anhand von

Bei der spielerischen Auseinandersetzung mit den Geschwistern erproben die Katzenkinder ihre Rolle als kleiner Beutegreifer.

Erinnerungen, die sie aufgrund von optischen, akustischen und geruchlichen „Bildern" oder Reizen gesammelt haben. Daraus ergibt sich eine Art „innere Landkarte", an der sich die Tiere orientieren. Zu ihrer inneren Landkarte fügen sie dann auch menschliche Konstruktionen wie Katzenklappen oder Türen hinzu, die ihnen den Zugang zur Außenwelt ermöglichen. So lernen viele Katzen allein durch Beobachtung, Türen zu öffnen. Sie verstehen den Mechanismus der Tür und die Möglichkeit des Öffnens über die Türklinke und sehen sie nicht mehr als eine undurchdringbare Barriere an.

Alt und vergesslich

Bei älteren Katzen kann es ähnlich wie bei uns Menschen zur Altersdemenz kommen. Die schon erwähnte innere Landkarte funktioniert dann nicht mehr ganz so reibungslos. Die alte Katze streift dann ziellos in der Wohnung umher, findet manchmal ihr Katzenklo nicht mehr und schaut sich daraufhin mitten im Raum hilflos um. Helfen können hier eine übersichtlichere Raumgestaltung und die liebevolle Zuwendung ihrer Menschen.

Die Schule des Lebens – Das Lernen

Die Katzenmutter ist die erste und wichtigste Bezugsperson im Leben der Kätzchen.

Kleinkinder sind sich ihres Körpers oft noch nicht vollständig bewusst, wie man leicht daran erkennen kann, dass sie glauben, ein gutes Versteck gefunden zu haben, wenn sie sich selbst die Augen zuhalten oder den Kopf mit einem Tuch bedecken. Katzen dagegen besitzen schon sehr früh ein ausgeprägtes Körperbewusstsein. Testen Sie es doch einmal: Spielen Sie mit Ihrer Katze Verstecken, indem Sie sie mit einem Spielzeug vor einer guten Versteckmöglichkeit zum Spiel animieren. Die Katze wird sich vollständig hinter einem Vorhang oder unter dem Sofa verstecken und nun scheinbar unsichtbar für das „Beutespielzeug" werden. Komisch nur, dass unser gut getarntes Raubtier nur allzu oft vergisst, dass es einen vorwitzigen Schwanz besitzt, welcher dann aus dem perfekten Versteck herauslugt und die lauernde Katze verrät.

Liebenswerte Tyrannen

Es heißt gemeinhin immer, man könne Katzen nichts beibringen. Aber stimmt das wirklich? Sind Katzen wirklich nicht lernfähig? In der Natur wäre es unsinnig, wenn eine Katze nicht zu lernen in der Lage wäre. Sie muss zumindest so lernfähig sein, einen Fehler kein zweites Mal zu begehen und aus positiven Erfahrungen positive Rückschlüsse zu ziehen.

Allen Vorurteilen zum Trotz besitzen Katzen eine erstaunliche Lernfähigkeit – sie braucht nur einen intelligenten Menschen, um aktiviert zu werden. Es kommt eben darauf an, wie man seine Katze davon überzeugt, etwas Interessantes zu lernen. Das Schlüsselwort zum Lernverhalten der Katze heißt „Motivation", es geht also um die aktive Handlungsbereitschaft der Katze. Ist dieser Anreiz sehr hoch, so wird die Katze eifrig mitarbeiten und schnell Lernerfolge erzielen. Ist die Motivation eher niedrig, so wird sie sich vermutlich gar nicht erst auf ein Training einlassen.

Dabei gibt es auch unter Katzen unterschiedliche Lerntypen. Manche Katzen sind sehr talentiert darin, Probleme zu lösen, die mit der Geschicklichkeit der Pfötchen zu tun haben, andere können sich sehr gut kleine Kunststückchen merken oder besonders viele Kommandos auseinanderhalten. Jede hat ganz eigene Talente und Fähigkeiten, die sie einzigartig machen und von anderen Katzen unterscheiden.

Kennt man den Lerntyp seiner Katze, so kann man besonders gut einschätzen, welche Übungen ihr besonders leichtfallen. Auch wir Menschen lernen unterschiedlich: Manche von uns können Dinge praktisch fotografisch erfassen und Details wiedergeben, die sie nur kurz einmal gesehen haben, andere müssen eher Vorgänge erklärt bekommen oder sich mit anderen darüber austauschen. Katzen wie Menschen können zu ganz unterschiedlichen Lerntypen gehören, und es erleichtert das Lernen erheblich, wenn wir die passende Lernstrategie gefunden haben.

Eine motivierte Katze lernt einfache Kunststückchen sehr schnell, wenn wir sie mit kleinen Leckerbissen für ihre Mitarbeit belohnen. (Foto: Christina Boumala)

Wir können den Lerntyp unserer Katze recht einfach selbst herausfinden, wenn wir sie beim gemeinsamen Spiel ein wenig genauer beobachten. Manche Katzen sind wahre Feinmotoriker und können mit ihren Pfötchen ihr Spielzeug jonglieren, andere sind sehr menschenbezogen und erwarten von uns immer wieder Lob und kleine Lernhinweise. Aus ihrer individuellen Spielweise können wir nun Schlüsse ziehen, wie sich die Katze vermutlich Lernsituationen stellen wird. Manche Katzen lernen eher durch aktives Herumprobieren, die anderen eher über die scheinbar passive Beobachtung.

Positives Lernen

Die einzige Lernmethode, die bei den selbstbewussten Katzenpersönlichkeiten nachhaltig zum Erfolg führt, ist die Methode der positiven Verstärkung, das Belohnungslernen. Dabei behalten wir im Hinterkopf, dass Lernen immer dazu dient, eine Handlung zum eigenen Nutzen zu optimieren.

Nehmen wir einmal an, wir möchten unserer Katze so wie einem Hund das Kommando „Sitz!" beibringen. Nichts leichter als das, wenn wir die hohe Kunst des Katzentrainings beherrschen. Zunächst führen wir ein besonders begehrtes Leckerli wie beispielsweise ein Käseleckerchen

Die Schule des Lebens – Das Lernen

langsam von der Katzennase hoch zu ihrer Stirn. Die allermeisten Katzen werden dem Leckerbissen mit dem Blick folgen, um ihn zu ergattern, und sich dabei auf ihr Hinterteil setzen. In diesem Moment des Hinsetzens geben wir unserer Katze die Belohnung.

Wir wiederholen diesen Vorgang einige Male und beginnen dann vor dem Locken mit dem Leckerli, einen erhobenen Zeigefinger und das Wort „Sitz!" als späteres Kommando einzuführen. Die Katze lernt nun, beim Anblick des Handzeichens und dem Klang des Wortes ihr Hinterteil an den Boden zu drücken. Nach und nach reicht das Kommando als Zeichen für diese Übung aus, ohne dass mit einem Leckerbissen gelockt werden muss.

Das Geheimnis liegt im exakten, punktgenauen Timing der Belohnung, weil Katzen Ereignisse, die gleichzeitig passieren, miteinander assoziieren und Handlungen gern wiederholen, die eine positive Folge haben. Gibt man also der Katze genau in dem Moment, in dem ihr Hinterteil den Boden berührt, das Leckerli, so assoziiert sie im Lernprozess: „Handzeichen + Wort = mein Popo auf dem Boden = Belohnung in Form eines großartigen Leckerbissens für mich". Diese Art des Trainings macht Katzen sehr viel Spaß und ist enorm effektiv. Schon wenige Minuten am Tag genügen für einen raschen Trainingsfortschritt. Besonders sinnvoll ist es, lieber häufiger, aber dafür jeweils kürzer mit der Katze zu üben, um ihre Motivation nachhaltig zu fördern.

Dummerweise trainieren wir unsere liebenswerten Tyrannen allzu oft unbewusst mit dieser effektiven Lernmethode. So kommt es, dass wir sie mit einem einzigen kleinen Bissen von unserem Abendbrot zum Springen auf den Tisch animieren oder auch durch unsere genervte Ansprache, wenn sie nachts um drei Uhr miauen, zu immer lauteren Plaudertaschen erziehen. Wir sollten uns immer darüber im Klaren sein, dass Lernen ständig stattfindet und nicht nur in einer Übungseinheit angeknipst werden kann. Katzen werden immer aus unseren unbedachten Handlungen ihre Vorteile zu ziehen wissen. Doch gerade diese Fähigkeit macht das Zusammenleben mit unseren haarigen Intelligenzbestien so überraschend und anspruchsvoll.

Sehen und Verstehen

Für sehr viele andere Tierarten undenkbar ist die Selbstverständlichkeit, mit der Katzen allein durch die Beobachtung von Artgenossen lernen. Diese Fähigkeit bildet sich schon im Kittenalter von wenigen Wochen heraus. Die Katzenkinder beobachten ihre Mutter, die im englischsprachigen Raum bezeichnenderweise auch als Queen, also Königin, bezeichnet wird, bei ihrer alltäglichen Beschäftigung ganz genau. Zunächst machen die Kätzchen das beobachtete Verhalten nicht sofort nach, doch im Alter von etwa neun bis zehn Wochen führen sie die vorher beobachteten Verhaltensweisen plötzlich

Nicht nur Hunde können „Sitz" auf Kommando lernen! (Foto: Christina Boumala)

Schon die kleinen Katzen beobachten ihre Umwelt sehr genau und erlernen so viele lebenswichtige Fähigkeiten.

Die Schule des Lebens – Das Lernen

Mit ihrem unwiderstehlichen Charme gelingt es der Katze, die ungewöhnlichsten Freundschaften zu schließen.

mit einer Perfektion aus, als hätten sie heimlich tausendfach geübt. Unerwartet gehen die kleinen Katzen dann wie selbstverständlich zum Beispiel auf die Katzentoilette der Mutter. Besonders beeindruckend erscheint diese natürliche Fähigkeit, wenn die kleine Katze von einem Tag auf den anderen ganz natürlich die Menschentoilette benutzt, um ihr Geschäft zu verrichten, genauso wie sie es zuvor bei ihren menschlichen Familienmitgliedern beobachtet hat.

Es wurden neben diesen außergewöhnlichen WC-Besuchern auch schon verwaiste Katzenkinder beobachtet, die von einer netten Hundefamilie aufgezogen wurden und so im Verlauf ihrer frühen Kindheit das typische „Beinchenheben" der Hunderüden beobachteten. Folgerichtig hoben sie nun selbst in perfekter Manier am Baum ein Hinterbein. Hier sieht man sehr deutlich, dass eben nicht sämtliche Verhaltensweisen einer Katze angeboren sind, sondern dass sie ihre vertrauten Sozialpartner genau zu beobachten weiß und diese dann geschickt nachahmt.

Die Bedeutung des Beobachtungslernens geht tatsächlich so weit, dass es in manchen Fällen für die Lernentwicklung der Katze wichtiger ist als das klassische Lernen durch Versuch und Irrtum. In verschiedenen Versuchsreihen ist beispielsweise nachgewiesen worden, dass Katzenkinder es nicht schafften, einen Hebelmechanismus, hinter dem sich Futter versteckte, selbstständig zu erkunden und durch Versuch und Irrtum herauszufinden, wie sie an das begehrte Futter herankommen sollten, während sie es über die Beobachtung einer erfahrenen Katze spielend verstanden. Die Fähigkeit des Beobachtungslernens ist in der Natur nicht sehr häufig vertreten und setzt eine sehr hoch entwickelte Intelligenz voraus. Auch wir Menschen lernen häufig durch die Beobachtung anderer Menschen und müssen dann durch Versuch und Irrtum das eigene Können perfektionieren.

Hochleistung vom KOPF bis zum SCHWANZ

DIE SINNE

Es ist faszinierend und schwierig zugleich, sich die Sinneswelt einer anderen Tierart vorzustellen. Obwohl wir zwar auf demselben Planeten leben, unterscheidet sich die Wahrnehmung durch unsere Sinnesorgane doch so sehr, dass wir uns gewissermaßen in verschiedenen Welten bewegen. Diese fremde Welt durch die Sinne der Katze zu erleben wird uns helfen, mehr über ihre Einzigartigkeit zu erfahren.

Ein Erfolgsmodell der Evolution

Die verschiedenen Sinne einer Katze sind perfekt aufeinander abgestimmt und machen sie zu einer sehr effizienten Jägerin mit einzigartigen Fähigkeiten. Um einen Eindruck von ihrer Lebenswelt zu erhalten, möchte ich im Folgenden auf die verschiedenen Sinne einer Katze im Vergleich zum Menschen eingehen.

Das Sehen

Bei der Geburt ist das Sehvermögen eines Katzenbabys vergleichbar mit dem eines menschlichen Babys im fünften Monat im Mutterleib. Katzenkinder werden mit geschlossenen Augen und quasi blind geboren und benötigen dann etwa acht Tage der weiteren Entwicklung, bis die Augen langsam geöffnet werden können. In den ersten paar Lebenstagen drehen die kleinen Katzen ihre geschlossenen Augen instinktiv von Lichtquellen weg, um ihre empfindliche Netzhaut zu schützen. Zunächst öffnen sich die Augen nur zu kleinen Schlitzen, bis sie nach zwei bis drei Wochen dann

Die Augen der Katze erscheinen nicht nur geheimnisvoll, sondern sind auch in der Lage, in der Nacht die feinsten Bewegungen ihrer Beutetiere zu erspähen.

vollständig geöffnet sind. Es gibt diverse Faktoren, die den genauen Zeitpunkt bei jedem Katzenkind individuell beeinflussen. So kommt es unter anderem darauf an, wie hell die Umgebung der kleinen Kätzchen in den ersten Lebenstagen ist. Ist es eher dunkler, so öffnen die Babys ihre Augen früher. Weibliche Kitten öffnen die Augen im Schnitt früher als männliche, und die Kinder einer jungen Kätzin öffnen die Augen früher als die Kinder einer relativ alten Katzenmutter.

Unabhängig von dem Prozess der Öffnung der Augen entwickelt sich die Sehschärfe der Katze. Etwa im Alter von elf Tagen folgen Katzenkinder erstmals beweglichen Objekten wie zum Beispiel ihrer Mutter oder dem Menschen aktiv mit ihren Augen- und Kopfbewegungen.

Erst mit etwa zwei Wochen können die kleinen Katzen Entfernungen abschätzen, diese Fähigkeit ist für den kleinen Beutegreifer überlebenswichtig, und im ausgelassenen Spiel mit seinen Geschwistern wird das dreidimensionale Sehen ausgiebig trainiert.

Im Vergleich zum Menschen sind Katzen zwar ein kleines bisschen kurzsichtig, aber dafür ist ihre Linse etwas größer. Dies stellt eine fantastische Anpassung des Katzenauges an das Leben der dämmerungs- und nachtaktiven Jägerin dar. Durch die Größe und Form der Hornhaut und der Linse kann das Auge der Katze mehr Licht sammeln und ein größeres Gesichtsfeld nutzen. Hinzu kommt ein spezieller Bereich im Auge der Katze, das sogenannte Tapetum lucidum, der mehr Licht ins

Hochleistung vom Kopf bis zum Schwanz – Die Sinne

Auge der Katze zurückreflektieren lässt. Dadurch brauchen Katzen nur etwa ein Sechstel der Beleuchtung, um genauso gut sehen zu können wie der Mensch. Dank des „leuchtenden Teppichs" in ihrem Auge reicht ihnen praktisch das geringe Licht des Mondes und der Sterne, um fast so gut wie wir Menschen am Tage sehen zu können.

Natürlich können unsere Hauskatzen genauso wie wir Menschen Farben sehen und unterscheiden, aber ihr Wahrnehmungsspektrum der Farben ist ein wenig in den Bereich Grün/Gelb und Blau verschoben. Für die erfolgreiche Jagd auf kleine Beutetiere ist das Erkennen von Farben aber nicht besonders wichtig. Viel entscheidender ist die Fähigkeit der Katzenaugen, kleine, schnelle Bewegungen wahrzunehmen und die präzise Entfernung für den Angriff abzuschätzen. Katzen identifizieren auch besonders gut die Größe und die Form kleinerer Objekte, sodass sie auf ihrem Beutezug schnell ein flatterndes Blatt von einer flüchtenden Haselmaus unterscheiden können.

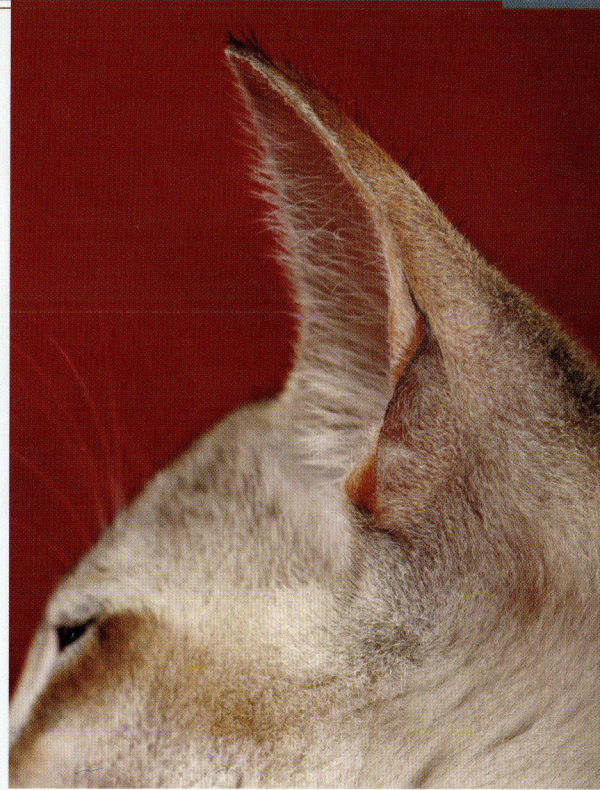

Wenn sie die Ohren spitzt, vernimmt die Katze sogar das für uns Menschen unhörbare Trippeln kleiner Mäusefüßchen.

Das Hören

Am Tag ihrer Geburt ist die kleine Katze nahezu taub, ihr äußerer Gehörkanal beginnt sich erst mit etwa neun Tagen zu öffnen und ist etwa ab dem 17. Lebenstag voll einsatzfähig. Ab diesem Tag beginnen Katzenkinder sich auch nach dem Gehör zu orientieren. Von nun an lernt die Katze, die beiden fantastischen Ohrmuscheln richtig einzusetzen. Im Gegensatz zu uns Menschen kann die Katze ihre Ohren in verschiedene Richtungen bewegen und so eine Geräuschquelle genau lokalisieren. Diese Fähigkeit erweist sich als besonders hilfreich, wenn man einen Grashüpfer im Gebüsch belauscht oder ein knisterndes Spielzeug unter einer Bettdecke aufspüren möchte. Zudem haben die Ohren die beneidenswerte Besonderheit, sich unabhängig voneinander bewegen zu können und somit gleichzeitig dem Gezwitscher der Blaumeise vor dem Küchenfenster lauschen zu können und mit dem anderen Ohr dem Dosenöffner hinter ihrem Rücken bei der Arbeit zuzuhören. Außerdem hören Katzen sehr hohe Töne, die für uns Menschen nicht mehr wahrnehmbar sind. Das ist sinnvoll, denn gerade das extrem hohe Fiepen von kleinen Nagetieren führt unsere kleinen Raubtiere zielsicher zu ihrer Futterquelle.

Der Geruchssinn

In den ersten Lebenstagen sind Katzenkinder stark auf ihren schon gut ausgebildeten Geruchssinn angewiesen. Nur durch ihr feines Näschen sind die Kitten in der Lage, die Milchbar der Mutter zu fin-

Die Welt der Düfte ist für die feine Nase der Katzen ein zentraler Erlebnisraum.

den. Schon in den ersten drei Tagen wählt jedes Kätzchen eine Zitze aus und findet durch den speziellen Geruch dieser Zitze den kürzesten Weg dorthin. Je mehr sich die anderen Sinne entwickeln, desto weniger herausragend wichtig wird der Geruchssinn für die Katze. Er bleibt aber das ganze Katzenleben über ein zentraler Erlebnisraum.

Im Erwachsenenalter wird der charakteristische Eigengeruch einer jeden Katze für die Identifikation untereinander verwendet. Ein „Händeschütteln" auf Katzenart umfasst einen Nase-Nase-Kontakt und danach einen Nase-Po-Kontakt, da an dieser Stelle ein spezieller Duft abgesondert wird, der besonders wichtig für die persönliche Charakteristik einer Katze ist. Jede Katze markiert ihr Zuhause mit Duftstoffen, die von kleinen Drüsen in ihrem Gesicht abgesondert und über das Schmiegen mit dem Köpfchen an das Mobiliar übertragen werden. Katzen beduften sich auch gegenseitig, indem sie sich aneinander reiben und sich gegenseitig ablecken. Dabei tauschen sie sogenannte Pheromone aus, für den Menschen nicht bewusst wahrnehmbare Geruchsstoffe, um einen gemeinsamen Gruppengeruch zu etablieren und eine soziale Bindung zu festigen. Diese Markierungen werden regelmäßig erneuert und haben einen beruhigenden Effekt. Weiterhin markieren sie auch Gegenstände in der Wohnung mit Pheromonen, um ihre Umgebung und ihr Revier zu „parfümieren".

Hochleistung vom Kopf bis zum Schwanz – Die Sinne

Das Näschen einer Katze beherbergt ungefähr 67 Millionen Riechzellen, das sind etwa 15 Millionen mehr als bei uns Menschen. Da ist es kein Wunder, dass so mancher Katze ihr nicht gründlich genug gereinigtes Katzenklo im wahrsten Sinne des Wortes stinkt. Diesen Effekt verstärkt noch das sogenannte Jacobson'sche Organ, eine Art „zweite Nase", mit deren Hilfe die Katze besondere Gerüche intensiv aufnehmen kann. Besonders wichtig ist das Jacobson'sche Organ beim sogenannten Flehmen. Dabei werden die anregenden Gerüche regelrecht inhaliert, die Nase wird dazu gekräuselt, und die Lippen werden leicht geöffnet. Meist sieht man diesen Gesichtsausdruck bei Katern, wenn sie die Witterung einer rolligen Kätzin wahrnehmen. Riechen und Schmecken sind zwei eng zusammenhängende Sinneseindrücke, und es ist für uns Menschen nur sehr schwer vorstellbar, wie der Duft einer fremden Katze wohl „schmeckt". „Süß" wird eine rollige Katze für den Kater jedoch nicht riechen, denn dafür fehlen Katzen die nötigen Geschmacksrezeptoren.

Besonders bekannt ist die starke Reaktion von vielen Katzen auf einige pflanzliche Gerüche wie etwa auf Katzenminze oder Baldrian. Die Reaktion auf diese Pflanzen erinnert bei einigen Katzen regelrecht an ein starkes Rauscherlebnis. Diese Duftstoffe wirken oft stark euphorisierend und sollten nur in kleinen Mengen verwendet werden. Ob die Katzen diesen Duft-Trip ausschließlich positiv empfinden, darüber kann nur spekuliert werden, allerdings beschäftigen sich viele Katzen sehr exzessiv mit Spielzeugen, die mit Katzenminze beduftet sind. Sie haben dann einen sehr charakteristischen, entrückten Gesichtsausdruck, lecken und schmiegen minutenlang an dem Spielzeug, halten es in den Pfoten und rollen sich auf dem Rücken herum. Der Speichelfluss steigert sich enorm, und die Katzen geben sich der angeregten Beschäftigung durchaus über einen längeren Zeitraum hin.

Unheimliche Wahrnehmung

Der Tastsinn

Bei der Ortung ihrer kleinen Beutetiere in der Dunkelheit können Katzen ihre Tasthaare zielsicherer verwenden. Besonders auffällig sind hierbei die dicken Schnurrhaare über den Oberlippen. Weitere Büschel von Tasthaaren findet der aufmerksame Katzenmensch an charakteristischen Stellen

Mit ihren feinen Tasthärchen spüren Katzen sogar den leisen Lufthauch, wenn wir den Schrank zu ihren geliebten Leckerlis öffnen.

wie oberhalb der Augen und zwischen Ohransatz und Mund sowie oberhalb der Vorderpfoten. Jedes Tasthaar besitzt eine von Nerven durchzogene Basis, mit deren Hilfe die Katze Bewegungen und Luftzüge spüren kann. Um diesen Effekt zu verstärken, werden die Schnurrhaare bei Anspannung nach vorn aufgestellt. Bei einer Begrüßung oder im Schlaf liegen sie entspannt an. Die unauffälligen Tasthaare an der Rückseite der Vorderbeine sind für den Beutefang wichtig. Sie dienen ähnlich wie unsere Finger dem Betasten der gefangenen Beutetiere.

Unerklärliche Phänomene
Es gibt sehr viele Erfahrungsberichte über Katzen, die vor dem Beginn eines Erdbebens ein auffälliges Fluchtverhalten zeigten oder über Strecken von mehreren Hundert Kilometern den Weg nach Hause fanden, sodass davon ausgegangen werden muss, dass das letzte Wort im Hinblick auf die Sinnesfähigkeiten unserer Katzen noch nicht gesprochen worden ist. Diese Phänomene haben mit Sicherheit eine physikalische Erklärung – das bedeutet, dass wir mit unserem Wissen über die erstaunlichen Fähigkeiten der Katzen wohl noch ganz am Anfang stehen.

Obwohl keine technischen Geräte Erdbeben langfristig vorhersagen können, reagieren manche Katzen schon länger vor einem Beben mit ungewöhnlichen Verhaltensweisen wie extremer Unruhe oder Aufregung. Was auch immer die Katzen spüren oder orten können: Es ist weitaus genauer als das, was unsere Geologen bisher zu leisten vermögen. Es gibt viele Vermutungen über die möglichen Ursachen für die Sensibilität der Katzen für tektonische Ereignisse. Sie reichen von feinsten Veränderungen des Luftdrucks, des elektromagnetischen Feldes oder der elektrostatischen Ladung

Die Leistungsfähigkeit der Katzensinne übersteigt die der Nichtkatzen bei Weitem. So erscheint ihr erstaunliches Wahrnehmungsvermögen manchmal geradezu magisch.

der Atmosphäre über Töne im Ultraschallbereich bis hin zu ungewöhnlichen Gasemissionen des Erdbodens. Im Falle eines sehr ungewöhnlichen Verhaltens seiner Katze in einem Erdbebengebiet sollte sich jeder schlaue Mensch lieber auf seine sensitive Mitbewohnerin verlassen und ihr an einen hoffentlich sicheren Platz folgen.

Bestimmt kennt jeder Geschichten von Katzen, die auf einer Urlaubsreise in einem fremden Land verloren gegangen und dann Monate später völlig abgekämpft wieder zu Hause eingetroffen sind. Irgendwie scheinen manche Katzen die Fähigkeit zu besitzen, mithilfe einer Art von innerem Kompass den Weg auch durch unbekannte Gebiete nach Hause zu finden. Sicher ist es durchaus auch einmal zu Verwechslungen gekommen – einige Katzen sehen sich so ähnlich, dass nicht immer zweifelsfrei festzustellen ist, ob die verlorene Katze wirklich jene ist, die Monate später wieder auftaucht. Es gibt allerdings diverse Fälle, in denen die Identität des Tieres durch einen Mikrochip oder eine Tätowierung nachgewiesen werden konnte. Interessanterweise konnte beobachtet werden, dass diese phänomenale Fähigkeit unabhängig von einer möglichen Erinnerung der Katze sein muss. Die betroffenen Katzen fanden nämlich stets den direkten Weg nach Hause, auch wenn sie an dem Ort noch nie zuvor gewesen waren. Sogar wenn Katzen – stets behütet und beobachtet – im Versuch mit einem Beruhigungsmittel leicht betäubt und dann „ausgesetzt" wurden, funktionierte dieses „GPS-System" einwandfrei. Dies ist ein weiteres Indiz für die noch unerklärliche Sinneswahrnehmung unserer geheimnisvollen Samtpfoten.

Der siebte Sinn

Es ist schon fantastisch, mit welcher traumwandlerischen Sicherheit jede gesunde Katze auf noch so dünnen Stegen balancieren kann. Ihr exzellenter Gleichgewichtssinn wird mithilfe flüssigkeitsgefüllter „Schneckchen" in ihrem Mittelohr reguliert und informiert die Katze sehr präzise darüber, in welcher Lage sich ihr Körper befindet. Besonders eindrucksvoll zeigen Katzen ihren Körpersinn durch ihre Fähigkeit, sich auch im Fallen stets so zu drehen, dass ein Sturz vergleichsweise glimpflich verläuft. Im Bruchteil einer Sekunde kann die Katze dann ihren Körper so rotieren lassen, dass ihre Beine nach unten zeigen und sie ihren Körper als eine Art Fallschirm wie ein Flughörnchen nutzt. Die Beine übernehmen beim Aufprall auf den Boden eine abfedernde Funktion und verhindern dadurch in den meisten Fällen schlimmere Verletzungen.

Ihr erstaunlicher Körpersinn macht aus der Katze die ideale Hochseilakrobatin.

Die Welt hinter den KATZENAUGEN

DAS GEHIRN

Die Millionen Eindrücke, die durch die unterschiedlichen Sinnesorgane auf die Katze einprasseln, würden sie stark überlasten, wenn sie nicht, so wie wir, in der Lage wäre, wichtige von unwichtigen Informationen zu trennen und die Flut der Informationen quasi zu filtern. Wie wir bereits erfahren haben, weichen teilweise die Funktionen der Sinnesorgane der Katze von den unsrigen ab. Auch die Leistungsfähigkeit unterscheidet sich bisweilen stark. Aus diesem Grund sind die Wahrnehmungen der Katze und die des Menschen ebenso verschieden wie ihre jeweilige Vorstellung von der Realität. Wirklich verstehen können wir die Erlebniswelt der Katze allerdings erst, wenn wir einen Blick hinter die Katzenaugen, in ihr Gehirn, wagen, um zu entdecken, wie die Katze Erlebnisse verarbeitet und wie sie denkt.

Kleine Gedächtniskünstler

Ganz grob kann man eine Unterteilung des Denkens in einen unbewussten und einen bewussten Teil vornehmen. Jedes Tier kann seinen Verstand vor einer Überlastung durch zu viele Reize abschirmen, indem es die allermeisten Informationen, welche die Sinnesorgane ihm übermitteln, gar nicht erst ins Bewusstsein übergehen lässt.

Im unbewussten Teil des Gehirns werden beispielsweise unbestimmte, beiläufige oder zufällige Gleichzeitigkeiten gespeichert. Angenommen, eine Katze hat sich zufälligerweise am Silvesterabend den Schwanz in der Tür geklemmt, so wird sie wahrscheinlich in Zukunft schon auf den charakteristischen Geruch von Knallkörpern mit Angst reagieren, obwohl ihr dieser Zusammenhang vermutlich gar nicht bewusst ist. Ebenso kommen uns

Menschen häufig Assoziationen in den Sinn, wenn uns beispielsweise ein bestimmter Geruch plötzlich an einen angenehmen Urlaubstag erinnert. Bewusst wahrgenommen haben wir ihn vermutlich nicht, in unserem Unterbewusstsein hat er sich allerdings als ein elementarer Teil unserer Erinnerung eingebrannt.

Unsere Katze scheint eine sehr genaue Vorstellung ihrer selbst zu besitzen und verfügt offensichtlich über ein sehr ausgeprägtes Selbstbewusstsein. Sie erkennt zwar ihr eigenes Spiegelbild nicht wieder, allerdings liegt dieses vielleicht in der Natur des optischen Spiegels begründet, denn möglicherweise ist ihr „Geruchsspiegelbild" das für sie entscheidende Merkmal zur Selbsterkennung. Weiterhin haben wir schon gesehen, dass Katzen in der Lage sind, sich an einzelne Ereignisse zu erinnern, sie zeigen Emotionen und können ähnlich wie wir Freude, Angst oder Leid empfinden. Ob Katzen ein Bewusstsein besitzen, ist wohl eher eine philosophische Frage des Seins, aber meiner Meinung nach sind die Gemeinsamkeiten der Säugetiere Katze und Mensch viel größer als die zu vernachlässigenden Unterschiede.

Alle Sinneseindrücke werden durch das Gehirn vorgefiltert und bewertet; dazu gehören vordringlich die lebenswichtigen Aspekte, die zur Nahrungsbeschaffung, Feindvermeidung oder Partnersuche gehören. Das Gehirn der Katze entscheidet blitzschnell, ob ein Sinneseindruck von großer Wichtigkeit ist, indem es auf angeborene, das Überleben sichernde Muster zurückgreift und ihre eigenen Erfahrungen und Erlebnisse als Beurteilungsgrundlage sofort zurate zieht.

Besonders gut beobachten kann man bewusste Entscheidungen bei Katzen, wenn man sie beispielsweise auf das Klickgeräusch eines Kugelschreibers trainiert und ihnen nun in diesem Zuge für jedes Berühren eines bestimmten Gegenstandes einen „Klick" und einen kleinen, leckeren Belohnungshappen gibt. Schon nach wenigen Wiederholungen werden die Katzen diesen Zusammenhang durchschauen und mit klarem Gesichtsausdruck eine zielstrebige Bewegung auf den Gegenstand zumachen, das Klickgeräusch hören, ihren Menschen erwartungsvoll anschauen und wie selbstverständlich ihr Leckerli entgegennehmen. Die Katze hat in diesem kleinen Experiment eine klare Vorstellung von der Aufgabenstellung gewonnen, und ihr wissender Gesichtsausdruck und ihre gezielten Handlungen weisen auf ihre bewussten Entscheidungen hin.

Ein schnelles Gehirn für flinke Jäger

Natürlich muss das Katzengehirn aus vielen Gründen schnelle Entscheidungen treffen können. Es wäre für ein kleines Raubtier äußerst hinderlich, wenn es einer Maus auflauern würde, um dann mitten in der Jagd über den Sinn des Lebens und die eigene Zukunft zu sinnieren. In diesem Falle wäre die Maus sicher längst im nächsten Mauseloch verschwunden. Um also sofort zielgerichtet zu handeln, muss das Gehirn effektiv aufgebaut und trainiert sein.

Das Gehirn einer Katze ist perfekt an ihre Lebensweise angepasst. Es reagiert sehr gut auf optische Reize, besonders auf die schnellen Bewegungen der kleinen Beutetiere. Auch die Fähigkeit, sehr schwache Gerüche zu unterscheiden und sich an ihnen zu orientieren, zeichnet die erfolgreiche Gattung der Katzen aus.

Die Welt hinter den Katzenaugen – Das Gehirn

Mit kleinen Belohnungen fördern wir die Gedächtnisleistung unserer Stubentiger.

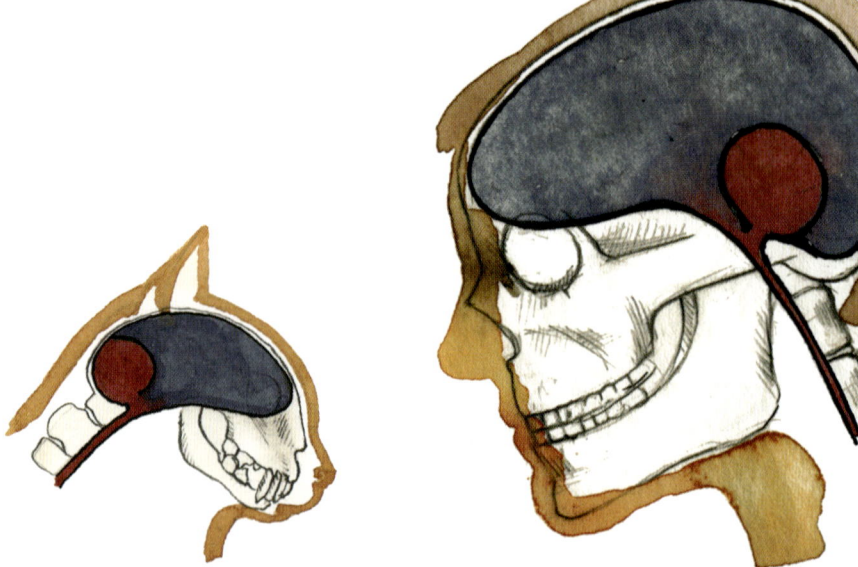

Das Katzengehirn ähnelt unserem menschlichen sehr in seinem Aufbau und seiner Funktion. Das Großhirn (blauer Bereich) ist vornehmlich für bewusste Denkprozesse verantwortlich, während das Kleinhirn (roter Bereich) in erster Linie im unbewussten Bereich agiert. (Zeichnung: Maria Mähler)

Prinzipiell ist ihr Gehirn ganz ähnlich wie unser menschliches in verschiedene Regionen aufgeteilt. Es besteht aus zwei Hälften, die sich optisch ähnlich wie die zwei Hälften eines Walnusskerns aneinanderschmiegen und durch einen Balken miteinander verbunden sind.

Viele Millionen Nervenzellen (Neuronen) sorgen für die optimale Weiterleitung und Verarbeitung von Reizen und Informationen. Jede dieser kleinen Nervenzellen hat einen Zellkörper und mehrere lange Ausläufer, mit denen sie in Kontakt mit ihren Geschwister-Neuronen steht. Die Neuronen kommunizieren untereinander sowohl über elektrische Impulse, ähnlich wie bei einem Stromkreis, als auch über chemische Verbindungen. Zu diesem Zweck pendeln in dem Zwischenraum zweier Nervenzellen, dem synaptischen Spalt, kleine Botenstoffe, sogenannte Neurotransmitter, hin und her und leiten Signale weiter. Die Neurotransmitter durchqueren wie kleine Schwimmer den synaptischen Spalt und überbringen so die „Botschaft". Von ihnen gibt es einige Hundert verschiedene mit unterschiedlichen Funktionen und Aufgaben bei der Katze. Bekannte Neurotransmitter sind beispielsweise die „Glückshormone" Serotonin oder auch das Dopamin. Das Serotonin ist auch als „Zufriedenheitshormon" bekannt. Neben seinen vielfältigen Funktionen im Katzenkörper übernimmt es im Gehirn der Katze die Rolle des „Balance-Engels". Es stellt Zufriedenheit her, reguliert Vorgänge im Schlaf und schützt vor Depressionen. Wahrhaft rausch-

Die Welt hinter den Katzenaugen – Das Gehirn

hafte Glückszustände dagegen verursacht das Hormon Dopamin. Es ist für sehr stark euphorische Glückszustände verantwortlich und wird bei ausgelassenem Spielen und bei der zärtlichen Begegnung von Kater und Katze ausgeschüttet.

Für eine reibungslose Funktion benötigen Katzengehirne sehr viel Energie und Nährstoffe, die über das Blut dorthin transportiert werden. Etwa 20 Prozent des gesamten Energiebedarfs einer Katze benötigt allein ihr Gehirn, obwohl das Gehirn nur einen minimalen Anteil an der Körpermasse des Tieres hat. Die filigranen Blutgefäße des Gehirns bilden eine Barriere, die sogenannte Blut-Hirn-Schranke, um das empfindliche Gewebe des Gehirns vor giftigen Stoffen und Krankheitserregern zu bewahren. Dazu werden wie bei einem Sieb größere Moleküle und Bakterien einfach nicht weiter durchgelassen, sie werden sozusagen vor Erreichen des Gehirns abgeblockt und können das Katzengehirn dann nicht mehr schädigen.

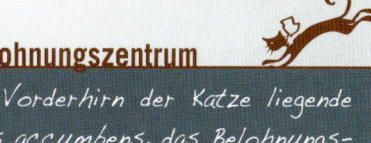

Das Belohnungszentrum

Der im Vorderhirn der Katze liegende Nucleus accumbens, das Belohnungszentrum, ist von entscheidender Bedeutung für die Zufriedenheit und das Glück unserer schnurrenden Mitbewohner. In diesem Glückszentrum werden Verknüpfungen von angenehmen Erlebnissen aus der Vergangenheit mit ganz spezifischen Situationen oder Sinneseindrücken abgerufen. So kann schon das Geräusch beim Öffnen einer Leckerlitüte diesen Bereich im Gehirn anregen und die Katze glücklich machen, da sie aus der Erfahrung gelernt hat, dass als Folge des Geräusches ein besonderer Leckerbissen zu erwarten ist.

Clevere Katzen

Alles, was gleichzeitig passiert, gehört für die Katze auch automatisch untrennbar zusammen, auch wenn wir Menschen manchmal vom Verstand her wissen, dass auch der Zufall eine große Rolle spielt. Haben Katzen einmal die Erfahrung gemacht, dass just in dem Moment, in dem sie sich vor einem lauten Knall aus der Küche erschreckt haben, die neue kätzische Mitbewohnerin den Raum betrat, kann es dazu kommen, dass unsere erste Katze nun Angst vor dieser neuen Katze hat, da sie ja scheinbar den Knall verursacht hat. Positiv ist allerdings, dass wir uns dieses Gesetz der Gleichzeitigkeit auch zunutze machen können. Beginnen wir unsere Langhaarkatze beispielsweise an das Bürsten zu gewöhnen, so können wir das Objekt

Kleine Belohnungen vertiefen die Freundschaft.

Bürste ganz einfach mit der Leckerligabe koppeln. Nach und nach wird das Bürsten als angenehm empfunden, wenn wir dabei in einer Übungsphase gleichzeitig immer Leckerlis gereicht haben.

Katzengehirne brauchen Raum und Abwechslung, um sich optimal zu entwickeln. Erfährt ein junges Kätzchen in seinen ersten Lebenswochen und -monaten wenig geistige Herausforderung, Zuwendung oder Abwechslung, so wird sein Gehirn in diesen Bereichen verkümmern. Das kann so weit gehen, dass eine kleine Katze niemals richtig sehen lernen würde, wenn sie in Dunkelheit aufgewachsen ist, auch wenn sie mit gesunden Augen zur Welt kam. Ihr zu den Augen gehöriger optischer Bereich im Gehirn wäre unwiederbringlich unterentwickelt.

Katzen brauchen stimulierende Erfahrungen für jeden Gehirnbereich. Sie lernen zum Beispiel im Spiel, Entfernungen abzuschätzen, ihren Geschwistern aufzulauern oder auf einem Ast zu balancieren. Diese Möglichkeiten müssen jeder Katze unbedingt zur Verfügung stehen, um ihre geistige Entwicklung nachhaltig positiv zu fördern und damit sie eine stabile Katzenpersönlichkeit entwickeln kann.

Auch die Katze wünscht sich ein erfülltes Leben voller angenehmer Überraschungen, denn auch bei ihr ist die Gehirnentwicklung nie ganz abgeschlossen. Ebenso wie wir Menschen unser ganzes Leben lang geistige Anregung benötigen, braucht auch die Katze ständig neue Anreize. Geeignete Herausforderungen sind neben kreativen Spielvariationen auch „Abenteuerspielplätze" in der Wohnung mit Versteckmöglichkeiten und Spielzeugen oder auch ein interessantes Tricktraining mit einem begeisterten Menschen. Ein solches Gehirnjogging hält die Katze bis ins hohe Alter geistig rege und vital.

Öfter mal was Neues

Eine einfache Möglichkeit, sowohl Abwechslung ins Leben der Katze zu bringen als auch einen Einblick in ihre Persönlichkeit zu erhaschen ist es, einen unbekannten Gegenstand – neuen Kratzbaum, kuschelige Höhle oder einfach einen großen Pappkarton – mitzubringen. Gerade Wohnungskatzen freuen sich sehr über frische Anregungen und Gerüche und können gemeinsam mit ihrem Menschen die unterschiedlichen Erlebnisräume entdecken.

Ganz nebenbei erfahren wir etwas über die Psyche unserer Katze: Wir können nämlich ihr Explorationsbeziehungsweise Erkundungsverhalten nun genauer beobachten. Es gibt schüchterne Katzenpersönlichkeiten, die einen neuen Gegenstand auch nach Stunden nur zurückhaltend aus der Ferne mustern oder gar ganz ignorieren. Im Regelfall wird eine neugierige, aufgeschlossene Katze sich sofort mit dem mitgebrachten Gegenstand beschäftigen, ihn beschnuppern und nach und nach erkunden. Besonders selbstbewusste Katzen markieren die neuen Gegenstände sofort mit ihren Gesichtspheromonen, reiben ihr Köpfchen ausgiebig an den Oberflächen oder kratzen genüsslich am Material, um dem Objekt gleich ihren individuellen Eigentumsstempel aufzudrücken.

Die Welt hinter den Katzenaugen – Das Gehirn

Spannende Abenteuerspielplätze und abwechslungsreiche Spiele fördern die Entwicklung kleiner Kätzchen und halten auch den Senior fit.

Krallenscharfer Verstand und scharf gewetzte Gedanken

DIE INTELLIGENZ

Sicher ist es kaum möglich, die Intelligenz der Katze mit der des Menschen zu vergleichen. Jede Art hat von der Natur all jene Fähigkeiten und genau diejenige Intelligenz mitbekommen, die sie für ein optimales Überleben in der eigenen Umwelt benötigt. Wir werden wohl nie genau verstehen, was eine Katze denkt, aber wir können sie in ihrer Welt beobachten, um einen Einblick in ihre Denkweise zu erhaschen.

Intelligenzbestien auf vier Pfoten

Kurzzeit-/Langzeitgedächtnis
Katzen besitzen ein ausgeprägtes Gedächtnis, um Gefühle, Ereignisse und Erfahrungen aus früheren Erlebnissen zu erinnern, zu bewerten und neuen Informationen zuzuordnen. Nur so ist die Katze in der Lage, aus ihren Erlebnissen zu lernen.

Ähnlich wie bei uns Menschen funktioniert auch das Gedächtnis der Katze in unterschiedlichen Ebenen. Zunächst wird eine Information im Kurzzeitgedächtnis abgespeichert. Dieses ist eine Art Zwischenspeicher im Gehirn, der es der Katze erlaubt, kurze wichtige Informationen verfügbar zu halten. Das Gehirn entscheidet dann in einem weiteren Arbeitsschritt, ob diese Information wichtig genug sein könnte, um in das Langzeitgedächtnis, also ins „Archiv", übertragen zu werden, oder ob sie verworfen werden soll.

Wir können uns das ähnlich vorstellen wie das Lernen einer neuen Telefonnummer: Wir lesen sie im Telefonbuch ab und merken sie uns einen kurzen Moment. Für die Dauer des Wählens und vielleicht für die nächste halbe Stunde ist sie präsent, da sie in diesem Moment eine Funktion hat. Ist es jedoch nur die Nummer des Pizzaboten, den wir

Ist das Berühren eines Zeigestabs mit der Nase erst einmal im Langzeitgedächtnis etabliert, so vergisst die Katze es auch nach Monaten nicht. (Foto: Christina Boumala)

einmal im Jahr anrufen, wird sie vermutlich schnell verworfen und nicht in unser „Archiv" wandern. Ist es dagegen die neue Nummer unseres Liebsten, wird unser Gehirn sie mit einem positiven Gefühl verknüpfen und automatisch im Langzeitgedächtnis abspeichern.

Diese Übertragung ins Langzeitgedächtnis funktioniert bei Mensch und Katze entweder dann besonders gut, wenn starke Emotionen – positive oder negative – im Spiel sind oder wenn wir der Katze die Gelegenheit geben, Lernschritte wieder und wieder zu vollziehen. Die Übung ist ein wichtiger Mechanismus des Langzeitgedächtnisses. Besonders gut beobachten können wir das Gedächtnis unserer Katzen, wenn wir ihnen kleine Kunststückchen beibringen, diese einige Wochen perfektionieren, um sie dann einige Monate nicht mehr abzurufen. Es ist beeindruckend, wie Katzen dann das einst Gelernte noch nach Monaten perfekt vorführen können.

Kreativ nach Katzenart

Darf man bei einer Katze von Kreativität sprechen, wird sich sicher der eine oder andere Leser fragen. Katzen sind natürlich nicht kreativ im künstlerischen Sinne – wohl aber darin, Lösungen für bestimmte Aufgaben oder Probleme zu finden. In diesem Bereich sind manche Katzen sehr kreativ, andere hingegen zeigen kaum kreative Ansätze.

Das Phänomen lässt sich am besten an einem Beispiel veranschaulichen. Geben wir verschiedenen Katzen dieselbe Aufgabe, nämlich ein kleines Leckerli von einem Papierschiffchen in einer

Krallenscharfer Verstand und scharf gewetzte Gedanken – Die Intelligenz

Wasserschüssel zu angeln, so werden wir höchstwahrscheinlich sehr unterschiedlich kreative Katzen „bei der Arbeit" beobachten können. Die eine wird vielleicht ganz geradlinig versuchen, das Schiffchen mit der Schnauze zu erreichen, und dabei bemerken, dass es wegschwimmt. Nun ergeben sich verschiedene Möglichkeiten, um an das Ziel zu kommen: das Schiffchen mit einer Pfote festhalten, näher herangehen und dabei mit einer Pfote ins ungeliebte Wasser treten oder auch das Schiffchen erst aus dem Wasser ziehen und dann das Leckerli fressen.

Je nachdem, wie viele Lösungsansätze eine Katze ausprobiert, desto kreativer ist sie – zumindest in dieser Situation. Denn natürlich müssen wir bedenken, dass eine satte Katze vielleicht viel weniger motiviert ist als eine sehr hungrige und sich folglich wenig anstrengen wird. Daher sind solche Beobachtungen Momentaufnahmen, die nur durch die Wiederholung in unterschiedlichen „Testsituationen" bestätigt werden können.

Wir können die Kreativität einer Katze auch besonders schön beobachten, wenn wir versuchen, mit ihr gemeinsam Spiele zu „erfinden". Katzen lassen sich begeistert wie kleine Kinder darauf ein, zum Beispiel Spielregeln zu entwerfen. So eine kleine kreative Spielregel kann sein, nur die Vorderpfoten und nicht das Mäulchen einzusetzen, um aus einem Versteck heraus nach einem Faden zu angeln.

Das ausgelassene Spiel eignet sich besonders gut dafür, unserer Katze beim Denken zuzuschauen. Gerade wenn man ein Leckerli gut in einer Papprolle fixiert, wird jede Katze auf ihre ganz eigene Art und Weise versuchen, an das Leckerli heranzukommen. Viele Katzen sind sehr

Die neugierige Katze entdeckt auch in der Wohnung die unterschiedlichsten Möglichkeiten, sich kreativ zu beschäftigen.

Im ausgelassenen Spiel wird aus einem leblosen Plüschtier schnell eine attraktive Beute.

„mundfixiert", sie versuchen, alles zunächst festzuhalten und mit den Zähnen zu zerreißen und zu zerpflücken. Andere haben eine besondere Vorliebe für eine bestimmte Pfote, mit der sie es herausfummeln wollen. Wieder andere schleudern diese „Beute" so lange in der Luft umher, bis sie sich von der Papprolle löst. Jede Katze hat also ganz nach den eigenen Vorerfahrungen und Vorlieben eigene Lösungsstrategien, die sie immer wieder anwendet, um ähnlich geartete Probleme zu lösen.

Katzenschläue

„Schubladendenken" nach Katzenart

Auch Katzen haben ein gewisses „Schubladendenken". Sie können Gegenstände übergeordneten Kategorien zuordnen oder verschiedene Gegenstände auf ein gemeinsames Merkmal reduzieren, sie generalisieren und abstrahieren also ihre Umwelt. Sie können beispielsweise lernen, alle weichen oder alle gelben Objekte in eine Kategorie einzuordnen.

Krallenscharfer Verstand und scharf gewetzte Gedanken – Die Intelligenz

Ein ganz alltägliches Beispiel für dieses Schubladendenken zeigt sich bei vielen Katzen beim Tierarztbesuch. Durch den stressigen Aufenthalt in der engen Transportbox im unruhigen Wartezimmer, das Festhalten der Katze auf dem kalten Untersuchungstisch und den schmerzhaften Einstich der Spritze des Tierarztes gehört dieser Besuch nicht gerade zu den Lieblingsbeschäftigungen der Katze. Nach diesen unangenehmen Erfahrungen kann es sein, dass sich die Katze bestimmte Muster merkt. Es ist möglich, dass unsere Katze ihre Abneigung, die zunächst auf unseren Tierarzt bezogen war, nach und nach auf sämtliche Männer ausweitet. Sie bildet also eine Kategorie, in der „Mann" für „Unannehmlichkeiten" steht. Daraus kann sich dann im Laufe der Zeit eine echte Abneigung allen Männern gegenüber entwickeln.

Diese generalisierte Abneigung gegenüber Männern kann man umgehen, indem man die kleine „Kratzbürste" wieder behutsam an männliche Nichtkatzen gewöhnt und dieses Zusammentreffen immer mit einer leckeren Belohnung begleitet.

Gehirnjogging macht die Katze schlau

Gehirnjogging für Katzen funktioniert auf vielerlei Art und Weise. Katzen sollten in ihren unterschiedlichen Fähigkeiten gefördert werden, um ihre Intelligenz zu steigern und geistig fit zu bleiben. Denn auch das Katzengehirn braucht neue Herausforderungen, um nicht einzurosten. Intelligenzfördernde Ideen für ein artgerechtes Gehirnjogging sind Futterspiele, Clickertraining, Tricktraining und Intelligenzspielzeuge wie Fummelbretter oder Futterbälle.

Bekannte Futterspiele sind das Verstecken von Leckerlis und das gemeinsame Suchen danach in der Wohnung. Gerade dadurch, dass man ein Leckerli mit dem Finger wegschnipst und es dann gemeinsam mit der Katze sucht, kann eine „echte" Jagd imitiert werden, da neben dem Auflauern und Verfolgen der „Beute" eben auch eine wirklich wohlschmeckende Belohnung wartet.

Das Clickertraining ist eine äußerst ausgefeilte Form des Belohnungstrainings, mit der man besonders leicht kleine Tricks trainieren kann. Die Katze wird dabei in einer ersten Phase, der sogenannten Konditionierungsphase, an das Geräusch eines Knackfrosches (den Clicker) gewöhnt. Wir wiederholen dabei einige Male den folgenden Ablauf: Nach jedem Click geben wir unserer Katze einen kleinen, mundgerechten Leckerbissen. Nach einigen Wiederholungen hat die Katze verstanden, dass das Clickgeräusch ein Leckerli quasi ankündigt.

Nun können wir uns das Denkvermögen der Katze in einem zweiten Schritt, der eigentlichen Trainingsphase, zunutze machen. Katzen lernen immer aus den Folgen ihres eigenen Verhaltens. Möchten wir der Katze nun etwa das Springen durch einen Plastikreifen beibringen, können wir unsere Katze zunächst mit einem Leckerli vor der Nase durch den Reifen locken. In dem Moment, in dem die Katze sich in der Mitte des Ringes befindet, clicken wir und geben ihr das Leckerli. Sie wird, wenn man diesen Ablauf einige Male wiederholt, sich genau den Moment merken, in dem sie den Leckerbissen erhalten hat und der durch das Clickgeräusch markiert wurde. In der Clickersprache heißt jeder Click für die Katze in etwa „ja, richtig". Sie wird nun auch ohne Locken durch den vorgehaltenen Reifen laufen und auf ihr Geräusch und einen Leckerbissen warten. In diesem katzengerechten Stil können immer wieder neue Tricks trainiert und die Kreativität der Katze gefördert werden.

Das Clickertraining ist die katzengerechte Variante, den kleinen Kratzbürsten spektakuläre Tricks beizubringen. (Foto: Christina Boumala)

Intelligenzspielzeuge bieten eine wunderbare Beschäftigungsmöglichkeit zur Förderung unserer kleinen Schelme. Es gibt eine ganze Reihe verschiedener Spielzeuge im Handel, bei denen Katzen lernen müssen, unterschiedliche Mechanismen anzuwenden, um dann an die versteckten Leckerlis zu gelangen. Die bekanntesten Intelligenzspielzeuge sind sogenannte Futterbälle: kleine Plastikbälle, die eine winzige Öffnung haben, die gerade groß genug ist, um die darin verborgenen Leckerlis freizugeben, wenn die Katze den Ball über den Boden rollt. Besonders „pfotenfertige" Katzen erfreuen sich an den fantasievollen Fummelbrettern. Bei diesen Aktionsspielplätzen sind auf einem stabilen Brett verschiedene Behältnisse befestigt, in denen Leckerbissen zum „Herausfummeln" durch geschickte Katzenpfoten platziert werden können. Solche Spielbretter und Futterspielzeuge lassen sich mit etwas Geschick auch aus Haushaltsplastikgefäßen, Bechern, Papprollen und kleinen Filmdosen selbst basteln.

Wichtig für das effektive Gehirnjogging der Katze ist, sie dabei immer wieder zu motivieren, sich mit neuen Gegenständen und Situationen auseinanderzusetzen. Wenn sie merken, dass sich auch ihr Mensch mit echter Begeisterung diesem Gehirnjogging widmet, sind die meisten Katzen mit Feuereifer dabei.

Krallenscharfer Verstand und scharf gewetzte Gedanken – Die Intelligenz

Die schlauen Vierbeiner haben im Laufe ihres Zusammenlebens mit dem Menschen extra eine neue Form der Kommunikation entwickelt, damit auch wir Nichtkatzen ihre Wünsche verstehen können.

Katzen-Mathematik

Können Katzen eigentlich zählen? Auf den ersten Blick denken sicher die meisten von uns, dass es nicht möglich sein kann, dass ein so kleines Tier wie die Katze in der Lage ist zu zählen. Zwar können Katzen sicher keine Rechenaufgaben lösen, sie haben aber dennoch ein eindrucksvolles Zahlenverständnis. Im Versuch konnte gezeigt werden, dass Katzen eine abstrakte Vorstellung von Zahlen haben. Sie können nicht nur Mengen in „viel" und „wenig" einteilen, sondern auch tatsächlich zum Beispiel die Zahl Drei als abstrakte Bezeichnung für eine Anzahl an angebotenen Leckerlis, Bällen oder Spielzeugen angeben. Sie haben also eine genaue Vorstellung für bestimmte Zahlenbegriffe und können so auf ihre Weise tatsächlich zählen und menschliche Zahlensymbole identifizieren.

Die zweisprachige Hauskatze

Unsere Hauskatze lebt seit einigen Jahrtausenden in der Gesellschaft der Menschen. Wir sprechen in diesem Zusammenhang von der Domestikation, also der Haustierwerdung, der Katze. Doch ist sie tatsächlich zum Haustier des Menschen geworden? Möglicherweise ist auch eher der Mensch zum Hausfreund der Katze geworden.

In jedem Falle hat die Katze aktiv einen Beitrag zu unserem Zusammenleben geleistet, indem sie ihre Kommunikation überarbeitet und an den Menschen angepasst hat. Offensichtlich hat sie schnell bemerkt, dass wir Menschen der körpersprachlichen Katzenkommunikation nicht mächtig sind und außerdem meist so unsensibel agieren, dass wir die feinsten Veränderungen ihrer Mimik oder Schwanzhaltungen gar nicht mitbekommen. Es hat sich daraufhin unter den Katzen eine regelrechte „Fremdsprachenfähigkeit" entwickelt. Erwachsene Katzen miauen untereinander nämlich gar nicht. Es hat keine Bedeutung in der Kommunikation der Katze. Allerdings haben die cleveren Katzen bemerkt, dass die auf Sprache geprägten Menschen sehr gut auf die Laute der Katze reagieren und bereit sind, ihr auf diesem Weg jeden Wunsch von den Lippen abzulesen. Die intelligenten Samtpfoten haben sich nun entschieden, fortan in „zweisprachigen" Haushalten zu leben. Mit anderen Katzen kommunizieren sie weiter nach Katzenart, während sie sich extra für uns Menschen Vokabeln für „Hunger", „Mir ist langweilig" oder auch „Ich möchte raus" ausgedacht haben.

Jeder aufmerksame Katzenmensch wird sicher schon bemerkt haben, dass bestimmte Miau-Laute auch eine ganz bestimmte Bedeutung haben. Auch in ihrer Lautstärke variieren die kleinen Sprachgenies ihre Laute, je nach Dringlichkeit ihrer „Bitte". Was für eine großartige Leistung der Katzen! Uns Menschen ist es bis auf Dr. Doolittle noch nicht gelungen, die Sprache der Katze tatsächlich sprechen zu können. Unsere samtpfotigen Dolmetscher sind uns also in ihrer Fähigkeit, eine gemeinsame Sprache zu entwickeln und diese dann auch fehlerfrei zu sprechen, weit voraus.

Kleines Katzenvokabular

Die eigentliche Muttersprache unserer Katzen hat mit dem menschenbezogenen Miauen nur wenig gemeinsam. Katzen untereinander geben nämlich die ungewöhnlichsten, für uns sehr fremd klingenden Laute von sich: Da werden Blaumeisen vor dem Küchenfenster mit sonderbaren Schnatterlauten angekeckert. Katzen, die sich akut bedroht fühlen, erzeugen ein tiefes Knurren, das mindestens ebenso beeindruckend grollend wie bei einem Wachhund wirkt. Katzenmütter und ihre Kitten kommunizieren durch ein geheimnisvolles, für den Menschen kaum hörbares, niederfrequentes Brummeln. Bei beherzten Auseinandersetzungen mit dem Nachbarskater stimmen unsere pelzigen Plaudertaschen einen jaulenden Gesang an, der an durchdringendes Babygeschrei erinnert. Im verzückten Liebesspiel werben Kater und Kätzin umeinander mit zärtlichem Gurren wie verliebte Turteltäubchen. Es scheint, als wüssten die kleinen Sprachartisten um unsere mangelnden Fremdsprachenkenntnisse, weshalb sie für den „Hausgebrauch" im menschlichen Umfeld nur das vereinfachte Miauen und Maunzen benutzen.

Krallenscharfer Verstand und scharf gewetzte Gedanken – Die Intelligenz

Das typische Miauen verwenden die Katzen nur für ihre Menschen, denn untereinander verständigen sie sich viel subtiler.

Spielend die WELT entdecken

DAS SPIELEN

Tiefe Einblicke in die Lebenswelt der Katze ermöglicht die Beobachtung des Spielverhaltens dieser Tiere. Nirgends sonst sind sie so unbefangen lebhaft, temperamentvoll und gleichzeitig doch ganz Raubtier. Das Spiel spielt im wahrsten Sinne des Wortes eine entscheidende Rolle im Leben der Katze. Als Jungtier lernt die Katze hier alle überlebenswichtigen Strategien. Als erwachsene Katze wird sie hier Spannungen abbauen, Fähigkeiten verfeinern und einfach ihr Leben genießen.

Spiel oder Ernst?

So einfach es auf den ersten Blick erscheint, so wenig eindeutig ist auf den zweiten Blick zu definieren, was das Spiel eigentlich ausmacht. Was ist Spiel, und warum tun es viele Tiere und unsere Katzen so besonders intensiv? Zunächst einmal kennzeichnet das Spiel einzelne Verhaltenselemente, die außerhalb des eigentlichen Kontextes in lockerer Abfolge miteinander verknüpft werden. Spiel ist variationsreich und dient keinem direkten Ziel, ein echter „Sinn" ist nicht spontan zu erkennen.

Als Spielverhalten kann eine ausgelassene, vitale Stimmung angesehen werden, in der sich gerade Katzenkinder häufig befinden. Der fehlende Ernstbezug ist das ausschlaggebende Charakteristikum eines jeden Spiels. Hier werden Elemente aus sämtlichen Lebensbereichen frei miteinander kombiniert. Da wird ein Papierkügelchen schnell zu einer lebendigen Maus, der mit spielerischem Eifer und sehr viel Ausdauer nachgestellt und aufgelauert wird. Gerade auch die Bewegungsfreude der Katze erscheint dabei fast übertrieben.

Die temperamentvollen Katzenkinder verfeinern ihre Koordination beim wilden Fangen-Spielen.

Selbstvergessen balgen sich befreundete Katzen miteinander und wechseln sich dabei locker in den Rollen des Angreifers und des Gejagten ab. Dabei kann der aufmerksame Katzenbeobachter die spielerische Absicht seiner Katze schon im Gesicht erkennen. Ein spezieller Ausdruck im Gesicht kündigt die spielerischen Absichten des Tieres an. Die Pupillen erscheinen dann sehr groß und die Bäckchen leicht aufgebläht.

Den intensivsten Nutzen hat das Spiel in der Entwicklung der Katzenkinder, indem sie dort ihre Neugier ausleben können, die Muskulatur und Koordination kräftigen und sich unangestrengt Stück für Stück auf ihr Leben als erwachsene Katze vorbereiten. Sie lernen hier andere Katzenkinder einzuschätzen, ihre Kraft zu dosieren, zu kommunizieren und zu kooperieren. Sie lernen zudem ihre Ängste und Aggressionen zu kontrollieren und Bindungen und Freundschaften zu entwickeln.

Zwar spielen die meisten Katzen in ihrem Erwachsenenleben seltener als in der chaotischen, temperamentvollen Katzenkinderzeit, aber dennoch bleibt das Spielvergnügen ein wichtiger Bereich der kätzischen Freizeit und ihrer Erlebniswelt.

Das soziale Spiel

Allgemein lässt sich das Spielverhalten der Katzen in zwei Unterkategorien einteilen: in das soziale Spiel mit anderen Katzen und in das individuelle Spiel oder das Objektspiel.

Beim sozialen Spiel beschäftigen sich zwei oder mehr Katzen miteinander. Besonders die Jungtiere und hier vor allem die männlichen Katzen lieben diese Art zu spielen. Es gibt verschiedene sehr charakteristische Körperhaltungen, die im sozialen Spiel wiedererkannt werden können. Beim sogenannten „Belly-up" liegt das Kätzchen häufig mit geöffnetem Maul auf

Spielend die Welt entdecken – Das Spielen

dem Rücken und wehrt sich spielerisch mit nach oben gerichteten Beinen gegen einen Angriff ihres Artgenossen.

Die häufig dazugehörige Position des Spielpartners in diesem Moment ist das „Stand-up", ein Stehen auf den Hinterbeinen, um sich auf den liegenden Partner fallen zu lassen und ihn spielerisch zu beißen oder mit den Pfoten zu schlagen.

Um ein anderes Katzenkind zum Spielen aufzufordern oder das Spiel zu intensivieren, sieht man viele Katzenkinder im „Side-step", einer hoppelnden Seitwärtsbewegung mit Buckel.

In der Lauerstellung drückt das Kätzchen den kleinen Körper so nah wie möglich an den Boden, um aus dieser sogenannten „Pounce"-Position unerwartet hervorzuspringen.

Ganz typisch für die Katzenkindheit ist auch das „Chase"-Spiel, in etwa unserem menschlichen Fangen-Spiel gleichzusetzen. Die Katzen fetzen dabei ausgelassen als Jäger oder Gejagte durch die Wohnung, überholen sich gegenseitig und wechseln rasend schnell die Rollen.

Beim „Face-off"-Spiel sitzen die Katzen sich direkt gegenüber und synchronisieren ihre Pfotenberührungen mit ihrem Spielpartner, bis eine von beiden „die Nerven verliert" und eine wilde Rangelei anzettelt.

Das individuelle Spiel

Beim individuellen Spiel können die Katzen sich perfekt an die Anforderungen des Lebens als „Einzelkämpfer", also auf das Jagdverhalten einer Katze, vorbereiten. Katzen jagen allein und nicht im Rudel mit anderen Katzen. So muss jede Katze selbst die Fähigkeiten entwickeln und verfeinern, die sie zu einer erfolgreichen Jägerin machen. Sie muss ihre Kraft und Schnelligkeit ebenso entwickeln wie ein gutes Timing und eine exzellente Körperkoordination, um möglichst wenig Energie für eine erfolgreiche Jagd zu vergeuden.

Ganz im Sinne des Trainings des Jagdverhaltens kann man beim Spiel Unterschiede feststellen, je nachdem, welche Art von Beutetier die Katze gerade spielerisch nachempfindet. Kleine, schnell über den Boden huschende Objekte wie kleine Papierkügelchen oder Bälle werden im „Maus"-Spiel mit den Vorderpfoten vorangetrieben oder festgehalten, und es werden akrobatische Scheinangriffe gestartet. Das „Vogel"-Spiel ist ein imaginärer Luftkampf mit kleinen flatternden Objekten, die dann im freien Flug attackiert und zur Strecke gebracht werden. Hier eignen sich sehr gut Federn oder auch dünne Stoff-

Diese beiden demonstrieren eindrucksvoll die Spielpositionen „Stand-up" und „Side-step", die häufig eine wilde Rauferei einleiten.

Fliegende Beutetiere werden im „Vogel"-Spiel nachgeahmt und dann in akrobatischen Luftkämpfen zur Strecke gebracht.

bänder. Größere Gegenstände werden beim „Kaninchen"-Spiel angesprungen, in den Schwitzkasten genommen und ausgiebig mit den Hinterpfoten bearbeitet. Mit gezielten Bissen wird das imaginäre Kaninchen dann erlegt. Für das „Kaninchen"-Spiel eignen sich Stofftiere, die etwas kleiner als die Katze sind, aber oft werden auch die Füße beziehungsweise Waden des Menschen in dieses Spiel mit einbezogen.

Besonders kreativ und fantasievoll erscheint das Spiel mit einem für uns unsichtbaren Gegner, bei dem die Katze so tut, als ob sie beispielsweise gerade ins Hinterteil gezwickt wurde oder von „dem Unsichtbaren" durch die Wohnung gejagt wird.

Spielernaturen unter sich

Das Spielverhalten der kleinen Katze entwickelt sich schon innerhalb der ersten drei Lebenswochen als erste Orientierung und Beobachtung von sich bewegenden Gegenständen und dem ersten Greifen danach mit den Pfötchen. Wenig später beginnen die Kätzchen zusammen mit der zunehmenden Koordination der Muskeln, mit ersten spielerischen Bissen und „Tatzenhieben" Kontakt zu ihren Geschwistern aufzunehmen. Durch die Reaktion der Geschwister, denen zu grobes Beißen wehtut und die sich deshalb wehren und zurückziehen, lernt das Kätzchen, die Bissstärke zu

Spielend die Welt entdecken – Das Spielen

kontrollieren, und entwickelt im Laufe der Zeit eine gute Selbstkontrolle. Fehlt diese Rückmeldung anderer Katzenkinder, kann es passieren, dass die Katze auch im Erwachsenenalter Defizite in der Selbstkontrolle aufweist und recht grob und aggressiv spielt. Das kann unter Umständen auch für den später am Spiel beteiligten Menschen zu schmerzhaften Konsequenzen führen.

In jedem Falle entwickelt sich bei den Jungkatzen in diesen ersten Lebenswochen die Sozialkompetenz, mit der sie Kontakte mit anderen Katzen pflegen, sie lernen die Koordination ihres Körpers, das gute Timing für einen Angriff oder Rückzug. Im Spiel entwickelt sich ihr Gehirn langsam zu dem eines erfolgreichen Raubtiers.

Die Erwachsenen geben das Spiel nicht etwa auf, sondern verbringen je nach Persönlichkeit und Spielmöglichkeiten ebenfalls viel Zeit des Ta-

Bei spielerischen Rangeleien mit den Geschwisterchen lernen die jungen Katzen, ihre Kraft zu kontrollieren und ihren Spielpartner nicht zu verletzen.

ges mit dem Spiel. Es macht ihnen einfach Spaß, außerdem werden überschüssige Energien abgebaut und Jagdstrategien verbessert.

Rechts- oder Linkspfoter?

Haben Sie schon einmal beobachtet, mit welchem Pfötchen Ihre Katze ein Leckerli aus einer kleinen Öffnung fummelt? Dieses sehr aufschlussreiche Experiment können Sie ganz einfach durchführen, indem Sie in eine Toilettenpapierpapprolle mittig ein kleines Leckerli legen und dann beobachten, wie Ihre Katze nun vorgeht. Vermutlich wird sie den köstlichen Geruch erschnüffeln und dann versuchen, direkt mit der Nase den begehrten Leckerbissen zu erreichen - was ihr voraussichtlich nicht gelingen wird. Als zweiten Versuch wird sie wahrscheinlich ihre Vorderpfoten zu Hilfe nehmen. Und nun achten Sie mal ganz genau darauf, was Ihre Katze macht: Die meisten Katzen haben ganz ähnlich wie wir Menschen eine eindeutige Vorliebe für eine bestimmte Vorderpfote. Sie sind also Links- beziehungsweise Rechtspfoter. Natürlich sind Katzen in der Lage, mit beiden Pfoten zu arbeiten, es existiert allerdings fast immer eine bestimmte Präferenz für die eine oder andere Pfote.

Im Spiel versunken lebt die Katze ihre wilde Natur als Raubtier aus.

Spielen mit Fantasie

Gerade um unsere Katze angemessen zu beschäftigen, ihr Möglichkeiten zur positiven Entfaltung ihrer Energien zu geben oder auch zur Verbesserung ihres Selbstbewusstseins beizutragen, ist es wichtig, auch mit erwachsenen Katzen regelmäßig zu spielen. Dabei gilt es nun herauszufinden, welche Spiele die eigene Katze am meisten schätzt, da Katzen individuelle Vorlieben für bestimmte Beuteimitationen haben. Mäuse und andere Kleinsäuger lassen sich sehr schön durch Fellmäuse, kleine Bällchen oder Papierkügelchen imitieren, Schlangen oder Eidechsen durch ein langes, breiteres Band oder eine Stoffwurst an einer Angel. Kleine Insekten lassen sich durch Pappteile ersetzen, die an einer elastischen Schnur befestigt werden, und Vögel durch Federbüschel an einem Stöckchen. Der Fantasie sind beim Basteln solcher Spielzeuge keine Grenzen gesetzt, die verwendeten Gegenstände dürfen nur keine Verletzungsgefahr für die Katze darstellen und sollten je nach Temperament der Katze eine gewisse Stabilität mitbringen, damit sie eine Weile halten.

Besonders interessant wird Spielzeug, wenn es nicht einfach herumliegt, sondern wenn der Mensch in ein interaktives Spiel mit seiner Katze einsteigt. So können die Spielzeuge bewegt und hinter sich hergezogen werden, unter Decken oder Tüchern „versteckt" und dann unerwartet wieder hervorgezogen werden. Dabei bietet es sich an, die

Spielend die Welt entdecken – Das Spielen

Bewegungen des nachgestellten Beutetiers möglichst realistisch zu imitieren. Mäuse laufen beispielsweise in der Regel nicht gern durch einen offenen Raum, sondern flitzen an der geschützten Wand entlang, bleiben in Nischen und Verstecken sitzen und wechseln ihre Geschwindigkeit, vom langsamen Umherschauen zum schnellen Huschen. Viele Vögel flattern von einer erhöhten Sitzgelegenheit auf und fliegen ein kurzes Stück zu einem neuen Ast.

Achten Sie auf Ihre Katze, welche Reaktionen sie am meisten zum Nachsetzen und Beobachten anregt. Die allermeisten Katzen sind so in ihr Spiel vertieft, dass sie sich in diesen Momenten durch Berührungen des Menschen eher gestört fühlen oder erschrecken. Günstig ist es, besonders mit Wohnungskatzen zweimal täglich für etwa eine halbe Stunde zu spielen. Denken Sie bitte auch daran, der Katze im Spiel immer wieder einen Jagderfolg zu gönnen. Sie sollte immer wieder die „Beute" irgendwann zu fassen bekommen und festhalten dürfen. Am Ende jeder Spieleinheit bietet sich eine Beruhigungsphase an, in der man selbst etwas weniger intensiv spielt, um die Katze nicht weiter aufzuregen, sondern sie langsam zur Ruhe kommen lässt.

Warum Laserpointer keine guten Spielzeuge sind

Wer kennt sie nicht, die praktischen, kleinen Laserpointer, mit denen man bequem vom Sofa aus seine Katze durch die Wohnung dirigieren kann. Perfekt, denkt sich der faule Katzenbesitzer, so muss ich mich nicht anstrengen, und meine Katze ist beschäftigt. Auf den ersten Blick ist diese Alternative verlockend, doch versetzt man sich in die Denkweise der Katze, so wird deutlich, dass dieses Spiel nicht viel Befriedigung für sie bietet, sondern im Gegenteil einige Gefahren birgt. Durch die schnelle Bewegung des Lichtkegels entsteht bei der Katze eine hohe Motivation, ihm nachzujagen, und ein extremer Erregungslevel. Leider gibt es aber gar kein reales Objekt, das dann gefangen werden könnte und den ausgelösten Beutetrieb befriedigt.

Die Katze wird also mit aller Kraft versuchen, das Licht zu ergreifen, aber nicht verstehen, warum es immer wieder an anderen Stellen zum Vorschein kommt. Dadurch kann sich die allgemeine Aufregung bei empfindlichen Katzen zu extremen Störungen und andauernder Nervosität steigern. Das Spiel ohne die echte Beteiligung des Menschen sorgt zwar für etwas körperliche Betätigung, aber es entsteht keine wirkliche Bindung zwischen der Katze und ihrem Menschen. Zudem kann der Laserstrahl, wenn er direkt in die lichtempfindlichen Augen der Katze fällt, schwere Schäden im Auge verursachen. Also besser Hände weg von diesen Geräten, sich lieber selbst aktiv in das Spiel einbringen und so zu einem echten Spielkameraden für die Katze werden.

Schnurrendes GLÜCK

DAS WOHLBEFINDEN

Wie können wir das Glück einer Katze beschreiben? Ist sie glücklich, wenn wir denken, dass sie es sein sollte? Was macht eine Katze genau glücklich, und wie fühlt es sich für sie an? Katzen sind biologisch gesehen uns Menschen gar nicht so unähnlich, wie man auf den ersten Blick meinen könnte. Sie gehören wie wir zu den Säugetieren, ihr Körperbau, ihre inneren Organe und deren Funktionsweise entsprechen in vielerlei Hinsicht unseren eigenen. Das gilt, wie wir bereits gesehen haben, in gewissem Umfang auch für ihr Gehirn, das damit verbundene Denkvermögen und die Fähigkeit, Emotionen zu empfinden. Auch Katzen empfinden Glück. Sicher ist es eine kätzische Auffassung, was dieses Glück konkret bedeutet, es sieht jedoch so aus, als wäre es nicht minder intensiv als unser menschliches Glücksempfinden.

Das Glück hat viele Gesichter

Wie erkennen wir nun, ob unsere Katze glücklich ist? Zunächst einmal hat das Glück, wie wir alle wissen, unterschiedliche Facetten. Wir werden sowohl die ruhige Stimmung der inneren Zufriedenheit als auch die rauschhafte Euphorie als die beiden unterschiedlichen Seiten derselben Medaille ansehen. Das Glück zeigt ein großes Spektrum, und dementsprechend unterschiedlich sind auch die Anzeichen in der Körpersprache und Mimik unserer Katze.

Selbst die Zufriedenheit kann ausgesprochen schläfrig daherkommen, wenn unsere Katze sich gemütlich im Bett auf die Federdecke gekuschelt hat und den Schlaf der Gerechten schläft. Zufriedene Katzen haben einen sehr geschmeidigen Muskeltonus. Ihr Körper fühlt sich athletisch, aber auch

Einfach mal relaxen – für Katzen das größte Glück.

sehr weich an. Man muss natürlich immer die individuelle Körperspannung des einzelnen Tieres mit einbeziehen. So mancher kräftige Kater in der Blüte seiner Jahre fühlt sich immer wesentlich strammer an als die kleine, zarte 20-jährige Katzenseniorin. Daher darf die Muskelspannung nicht als absolutes Merkmal angesehen werden, sondern muss in Relation zu der Normalmuskelspannung der eigenen Katze interpretiert werden.

Glückliche Katzen nehmen an ihrer Umgebung aktiv teil. Sie sind neugierig, entdecken ihre Umwelt und nutzen sie nach ihren eigenen Vorstellungen. Auch hier zeigen sich große individuelle Unterschiede. Natürlich wird ein Jungtier wesentlich neugieriger und verspielter sein als ein Greis, aber dennoch sollte die gesunde Katze immer ein Minimum an Aktivität an den Tag legen. Zumindest sollte auch eine alte Katze noch Freude an ihrem Lieblingsspielzeug, einem Nickerchen in der Sonne oder aber an einem ganz besonderen Leckerli haben. Auch unterscheiden sich Vertreter unterschiedlicher Rassen in ihrer Aktivität. Sicher wird die durchschnittliche Perserkatze sehr viel ruhiger und weniger lebhaft sein als eine temperamentvolle Siam.

Einige Besitzer glauben, ihre erwachsenen Katzen wären nicht mehr verspielt. Dabei liegt das häufig an der Art und Weise, wie mit der Katze gespielt wird, und auch an den vorhandenen Spielzeugen. Zunächst einmal ist die Aktivität im Spiel ganz entscheidend von den Absichten des Besitzers abhängig. Katzen sind extrem sensibel, was

Schnurrendes Glück – Das Wohlbefinden

die Gefühle und Schwingungen angeht, die ihr Mensch aussendet. Merkt die Katze, dass der Mensch eigentlich keine Lust oder keine Zeit hat, mit ihr zu spielen, so werden von sich aus weniger verspielte Tiere auch nicht aktiv mitspielen. Auch ersetzt herumliegendes Spielzeug nicht das interaktive Spiel mit dem Menschen. Manche Katzen können mit den leblosen Gegenständen allein einfach nichts anfangen.

Weiterhin haben erwachsene Katzen häufig ausgeprägte Vorlieben für bestimmte Spielabläufe und Spielzeuge, je nachdem, welche Beutetiere sie bevorzugen würden. Einige Katzen würdigen eine Fellmaus keines müden Blickes, geraten aber außer sich vor Begeisterung, wenn mit einer Feder an einer Angel ein Vögelchen imitiert wird. Der kreative Katzenfreund hat es also in der Hand, seiner Katze mit einem spannenden Unterhaltungsangebot glückliche Momente zu schenken und ihrem Glückszentrum im Gehirn Flügel zu verleihen. Die Art und Weise, wie der Besitzer spielt, muss dem Temperament der Katze und der Art des Spiels angepasst sein. Eine lahme Maus reizt eine temperamentvolle Katze viel zu wenig, sie braucht die echte Herausforderung mit einem ebenbürtigen Gegner.

Glückliche Katzen stehen in engem Kontakt mit ihrem Umfeld, ihren Menschen und teilweise auch mit ihren Katzengefährten oder anderen Haustieren. Kapselt sich eine vorher anhängliche Katze auffällig ab, so ist etwas in ihrem Leben nicht ganz in Ordnung. Stark auf den Menschen bezogene Katzen verbringen den Tag gern gemeinsam mit ihrem Liebsten, dem Menschen. Sie werden sicher Streifzüge in der Wohnung oder im Garten auch ohne ihn durchführen, kommen jedoch nach kurzer Zeit gern zu ihm zurück. Dabei „plaudern" manche gesprächige Katzen gern, andere lieben

die stille Form der Kommunikation. Schon ein gezielter Blick, ein langsames Augenzwinkern drückt Zuneigung, Vertrauen und Zufriedenheit aus. Auch schmiegen sich glückliche Katzen gern an die Beine ihrer Menschen. Scheuere Naturen imitieren dieses Schmeicheln um die Beine auch an den Tischbeinen, um auf diese Weise ihre Zuneigung auszudrücken.

Doch warum sind Katzen eigentlich überhaupt glücklich? Die Antwort liegt in der Funktionsweise ihres Körpers. Sämtliche Körperfunktionen stehen in Balance, wie die beiden Schalen einer Waage. Der Körper braucht Energie. Um diese zu erhalten, treibt das Gehirn die Katze mit dem Gefühl

Glück bedeutet für Katzen auch, von ihrem Menschen geliebt zu werden.

des Hungers an, Nahrung zu suchen. Hat sie die Nahrung verspeist, so benötigt ihr Körper Ruhe, um sie zu verdauen. Ohne das Gefühl der Sättigung, der Zufriedenheit über den Jagderfolg und die Müdigkeit nach einer anstrengenden Jagd würde die Katze nicht zur Ruhe kommen und immer weiter nach Beute suchen. Das Glück stellt einen wichtigen Faktor des inneren Balancesystems des Katzenkörpers dar.

Zärtliche Raubkatzen

Die Freundschaft ist ein wichtiges Element des Katzenglücks. Katzen zeigen ein subtiles Sozialverhalten, um sich gegenseitig oder ihrem Menschen Glück zu schenken und Glück zu empfangen. Zwar leben sie nicht in Rudeln zusammen, wie Hunde es tun würden, doch sind Katzen keineswegs die eingefleischten Einzelgänger, für die sie oft gehalten werden. Auch unsere Stubentiger bevorzugen den Kontakt zu ihren Artgenossen und können oft tiefe und langjährige Freundschaften pflegen. Besonders reine Wohnungskatzen, die die meiste Zeit des Tages ohne ihren Menschen auskommen müssen, sehnen sich oft nach einem kätzischen Partner.

Ein wichtiges Element des Sozialverhaltens ist das Kontaktliegen befreundeter Katzen. Dabei teilen sich zwei Katzen ihren kuscheligen Schlafplatz und legen sich so hin, dass sie einander berühren. Die Wärme und das Gefühl des Körpers neben ihnen gibt ihnen ein Gefühl der Sicherheit und Geborgenheit. Das Kontaktliegen festigt die Bindung zwischen Partnern. Katzen, die allein leben, möchten dementsprechend gern mit ihrem Men-

Das entspannte Beisammensein genießen die Katzen beim Kontaktliegen.

Schnurrendes Glück – Das Wohlbefinden

schen das Kontaktliegen genießen. Da sehr viele Zweibeiner tagsüber für die Arbeit aus dem Haus gehen, sollten wir den Katzen zumindest auf dem Sofa oder auch nachts im Bett gestatten, unsere Nähe zu suchen. Es gibt Katzen, die den vertrauten Körperkontakt nicht sonderlich schätzen. Bei diesen Individualisten handelt es sich dann um ein angedeutetes Kontaktliegen, wenn sie im Abstand von einem Meter neben dem Menschen liegen oder auf der Sofalehne thronen.

Untereinander betreiben Katzen eine zärtliche Form der gegenseitigen Körperpflege, das Grooming. Dabei lecken sich befreundete Katzen gegenseitig sanft über das Gesicht, wie es eine Katzenmutter mit ihrem Baby tun würde. Dieses Ablecken fördert die soziale Bindung und bewirkt ein tiefes Wohlbehagen. Die Herzfrequenz der Tiere sinkt in diesen Momenten, es beruhigt die Katzen und führt zu einem angenehmen Entspannungsgefühl. Manche Katzen groomen auch gern ihre Menschen – was viele Leute unhygienisch finden. Es ist aber einfach ein Zeichen von tief empfundener Zuneigung, wenn eine Katze zart über die Haut oder das Haar ihres Zweibeiners leckt. Das Streicheln und Liebkosen unserer haarigen Mitbewohner stellt die menschliche Form des Groomings dar und versichert der Katze unserer Zuneigung.

Es ist ein erstaunliches Phänomen im Katzenleben, dass diese Tiere in der Lage sind, artübergreifende Bindungen einzugehen. Diese artübergreifende Bindungsfähigkeit überträgt das katzentypische Sozialverhalten auf andere Lebewesen. Je nachdem, wie eine Katze aufgewachsen ist, kann sie Beziehungen zu Menschen, Hunden, ja sogar zu Mäusen oder Kaninchen aufbauen. Man sagt, eine Katze wird auf bestimmte Bindungspartner sozialisiert. Sie lernt in ihren ersten Lebenstagen die Eigenarten anderer Lebewesen so gut kennen, dass sie sich nicht nur mit ihnen arrangiert, sondern in ihr eigenes Sozialleben dauerhaft mit einbezieht. Sie kommuniziert mit anderen Arten sowohl auf ihre eigene katzentypische Weise als auch gewissermaßen über eine Art „Fremdsprache". Sie ist in der Lage, durch Versuch und Irrtum zu lernen, auf welche Laute, Gesten und Bewegungen ihr Gegenüber reagiert, und verwendet dann diese neuen Elemente der „Fremdsprache", um mit den befreundeten Nichtkatzen zu kommunizieren.

Ich fühl mir die Welt, wie sie mir gefällt

Die wichtigsten Lebensbereiche im glücklichen Katzendasein sind Fressen, Faulenzen, Faxen machen. Alle drei haben eines gemeinsam: Sie sind selbstbelohnend. Das bedeutet, dass das Gehirn der Katze so gestaltet ist, dass es von allen dreien grundsätzlich mehr möchte. Diese Bereiche sind lebenswichtig für die Katze, und sie müssen in einem ausgewogenen Verhältnis zueinander stehen.

Die Natur hat das Fühlen und Denken der Katze mit diesem Selbstbelohnungssystem ausgerüstet, um ihr die Möglichkeit zu geben, das Optimum aus jeder Lebenssituation herauszuholen. Leider sind auch manche Verhaltensweisen selbstbelohnend, die wir als Menschen nicht ganz so wünschenswert betrachten wie unser Stubentiger. Nehmen wir einmal das Beispiel des Kratzmarkierens. Die Katze findet eine interessante Stelle an der dekorativen Tapete und beginnt nun, genüsslich daran zu kratzen. Da sich flatternde kleine Fetzen von der Oberfläche ablösen, das Gefühl an den Pfötchen durchaus angenehm ist und das Material an allen zugänglichen Stellen der Wohnung zu

Fressen, faulenzen, Faxen machen – Entertainment nach Katzenart.

finden ist, wird die Katze sich beim Kratzen gut fühlen. Das Katzengehirn schüttet Glückshormone aus und belohnt sich damit selbst. Diese Glückshormone können durchaus einen ähnlichen rauschhaften Zustand bei der Katze auslösen wie der Genuss von Alkohol beim Menschen.

Wie wir schon festgestellt haben, wird die Katze generell Verhalten, das belohnt wird, häufiger zeigen. Und selbstbelohnendes Verhalten lohnt sich immer für die kleinen Kratzbürsten. Diese Kratzorgien bereiten der Katze große Freude, und leider entwickelt sich so sehr leicht ein fest verankertes Verhaltensmuster. Da bleibt uns Menschen nur übrig, unseren eigenen Verstand einzusetzen, selbstbelohnendes Verhalten bei der Katze vorherzusehen und für eben diese Verhaltensweisen reizvollere Alternativen anzubieten. Jeder weiß, dass Katzen gern verschiedene Plätze zum Kratzmarkieren haben, also tut jeder Katzenbesitzer gut daran, auch in der Wohnung unterschiedliche Kratzmöglichkeiten zu bieten, wenn man denn den Anblick von zerfurchten Tapeten vermeiden möchte und Wert auf die Unversehrtheit seiner Möbel legt.

Neben den Hormonen, die für das System der Selbstbelohnung verantwortlich sind, gibt es auch noch viele andere Hormone, die das Wohlbefinden und das Glück der Katze beeinflussen.

Schnurrendes Glück – Das Wohlbefinden

Insbesondere das als „Bindungshormon" bekannte Oxytocin bewirkt eine tiefe Verbundenheit mit dem eigenen Nachwuchs und zwischen den Familienmitgliedern. Der Anblick der neugeborenen Kätzchen, ihr Geruch und ihre Stimmen regen die Mutter zur Oxytocin-Ausschüttung und dem damit verbundenen Milchfluss an. Der Vorgang des Säugens wird von der Mutter als so positiv empfunden, dass sie ein ganz eigenes Glücksgefühl entwickelt, welches wir Menschen ebenso empfinden können – das Mutterglück. Die Katzenmütter kümmern sich unermüdlich und selig um ihre Kinder und scheinen in den ersten Lebenswochen ihrer Kätzchen ganz von diesem berauschenden Gehirnzustand eingenommen zu sein.

Ein weiterer, auch uns Menschen glücklich machender Zustand ist jener, welcher bei der sportlichen Betätigung zum Tragen kommt. Gerade Ausdauersportler berichten von ihren Glücksmomenten und dem Gefühl der geistigen Schwerelosigkeit, wenn sie sich gleichmäßig bewegen und moderat anstrengen. Diesen Gehirnzustand kennen auch die Katzen, und ihre körpereigenen Glückshormone motivieren sie zu weiterer Aktivität. Schon beim Herumtollen können wir Katzen bei selbstvergessenen Laufspielen beobachten. Manche Katzen erweisen sich zudem als echte Sportler. Sie scheinen das Umherlaufen als Glück bringende Handlung für sich entdeckt zu haben und fetzen gern halsbrecherisch mit Vollgas durch die Wohnung.

Das Glück und das Wohlbefinden unserer Katzen sollte immer unser Hauptanliegen sein, aber wenn wir uns mit dem Glück beschäftigen, kommen wir nicht umhin, uns auch mit der Kehrseite der Medaille, dem Stress und Unbehagen, näher auseinanderzusetzen.

Das „Bindungshormon" Oxytocin fördert die liebevolle Verbundenheit zwischen der Kätzin und ihrem Nachwuchs.

Haarige ZUSTÄNDE

DER STRESS

Stress bei Katzen, was soll das sein? Stress beim Menschen kennt in unserer hektischen Zeit wahrscheinlich jeder von uns. So mancher wird auch schon die Erfahrung gemacht haben, dass ein Übermaß an Druck und Belastung nervös und krank macht. Doch was hat das mit unserer Hauskatze und ihrem gemütlichen, eigentlich doch nahezu stressfreien Leben zu tun?

Katzen sind extrem sensible Seelen, die empfindlich auf kleinste Veränderungen oder Misstöne in ihrem Umfeld reagieren. Sie können auf die seelischen Probleme ihres Menschen mit Stress reagieren. Aber sie können auch selbst unglücklich mit ihrem Leben als Hauskatze sein, weil es ihnen vielleicht nicht all das bietet, was die Natur für die Katze bestimmt hat. Grund genug, an dieser Stelle einen Einblick in die Stresspsychologie der Katze zu geben.

Schmollende Katzen

Allgemein reagieren Menschen und Katzen ganz ähnlich auf Stress. Stress bedeutet zunächst einmal, dass ein Druck von außen an das Tier herangetragen wird, es verspürt je nach Intensität eine gewisse Anspannung. Durch verschiedene körperliche Prozesse wird die Katze versuchen, das Problem mit einer angemessenen Reaktion zu beheben. Dies ist ein ganz natürlicher, alltäglicher Zustand. Ein Katzenleben wäre ohne ein gewisses Maß an Stress nicht denkbar.

So wird natürlich schon das Treffen mit einer fremden Katze im eigenen Revier eine kleine Anspannung, also etwas Stress, verursachen. Im Normalfall kann die Katze mit solchen natürlichen Stressoren gut umgehen, sie hat diverse Möglichkeiten zur Stressbewältigung. In unserem Beispiel

Stress ist ein natürlicher Bestandteil des Katzenlebens, von dem sich eine gesunde Katze jedoch schnell wieder erholt.

wird sie je nach Bedrohungslage oder Interesse entscheiden, ob sie die Fremde ignorieren, angreifen, sich verteidigen, weglaufen oder auch den freundschaftlichen Kontakt suchen wird. Die Anspannung wird in jedem Fall schnell wieder nachlassen, der Stresslevel sinkt, und im Idealfall ist die natürliche seelische Balance nach kurzer Zeit wiederhergestellt.

Eine solche akute Stresssituation ist gekennzeichnet durch verschiedene Phasen: In der Alarmphase registriert die Katze den auslösenden Stressfaktor. Der Körper reagiert automatisch mit der Erhöhung der eigenen Abwehrkräfte und mit einer Ausschüttung von anregenden, wach machenden Hormonen, um die Katze in höchste Alarmbereitschaft zu versetzen. Hierbei steigt insbesondere der Adrenalinspiegel im Blut stark an.

Die ausgeschütteten Hormone und Abwehrkräfte helfen der Katze dabei, in der nun folgenden Widerstandsphase die bestmögliche körperliche Fitness zu besitzen, um einem Angreifer zu entkommen, oder auch, um blitzschnell selbst angreifen zu können. Der Körper ist in dieser Phase extrem leistungsfähig, und das Schmerzempfinden ist stark herabgesetzt. So hat die Katze die Möglichkeit, sich über die eigene Schmerzgrenze hinweg zu verteidigen. Das rationale Denkvermögen ist in solchen Stresssituationen herabgesetzt, und die Katze handelt rein instinktiv emotional mit Angst oder Wut.

Normalerweise würden nach dieser Widerstandsphase die ausgeschütteten Hormone langsam wieder abgebaut werden, um die Katze wieder in ihr seelisches Gleichgewicht zurückzuversetzen. Es kann jedoch zu einer dritten Phase der Stressreaktion führen, zur sogenannten Erschöpfungsphase, wenn die Katze nämlich einem Dauerstress ausgesetzt wird. Der gesunde körperliche Stresskreislauf bricht hier zusammen, da eine Anpassung an dauerhafte Stresssituationen nicht möglich ist. Langfristig bewirkt der dauerhaft erhöhte Adrenalinspiegel im Blut einen permanenten Ausnahmezustand, welcher das Immunsystem schwächt und so die Katze anfällig für Krankheiten und Infektionen macht.

Jedes Tier ist von der Natur darauf vorbereitet, die üblichen Stressoren im natürlichen Umfeld ertragen zu können. Katzen sind normalerweise gut in der Lage, sich vom Schock eines Angriffs durch ein größeres Raubtier zu erholen oder nach Revierkämpfen schnell wieder zum Alltag übergehen zu können. Das Zusammenleben mit dem Menschen hat die Hauskatze jedoch in die missliche Lage gebracht, auf manche einprasselnde Stressoren nicht ausreichend vorbereitet zu sein, da sie so in der Natur nicht vorkommen.

Zeichen für Dauerstress

Wir merken also, dass nicht generell Stress für die Katze ein Problem ist, sondern vor allem der Dauerstress, der von der Katze nicht bewältigt werden kann. Zahlreiche bekannte chronische Gesundheitsprobleme können ihre Ursache in ungelöstem Stress haben. Viele Katzen reagieren auf chronischen Stress mit Unsauberkeit, Durchfall, Hautproblemen, Aggressionen gegen sich und andere, Hyperaktivität oder Lethargie sowie Angststörungen. Die übermäßige Ausschüttung des Stresshormons Cortisol führt zu bleibenden Veränderungen im Stoffwechsel der Katze, sie kann abmagern oder immer ruheloser werden. Auch auffällig

häufiges Putzen oder das exzessive Lecken einzelner Körperteile bis zur Kahlheit können ihre Ursache in Stress haben.

Gestresste Katzen wirken häufig fahrig, ihr normaler Tagesablauf verändert sich. Sie schlafen weniger oder ändern ihren Tag-Nacht-Rhythmus, ziehen sich vom Besitzer oder anderen Katzen zurück und wirken ständig alarmbereit. Besonders auffällig sind auch das eingeschränkte Spielverhalten und die geringe Toleranz gegenüber minimalen Außenreizen. Langfristig sind solche Katzen wesentlich anfälliger für Krankheiten und Allergien, weil ihr Immunsystem aus dem Lot gerät.

Die häufigsten Ursachen für Dauerstress bei Katzen sind vom Menschen gemacht. Immer dann, wenn das Leben einer Katze sich sehr stark von ihren natürlichen Bedürfnissen entfernt, wird die Wahrscheinlichkeit für ein stressinduziertes Verhaltensproblem erhöht. Besonders wichtig ist es, sämtliche Lebensbereiche der Katze einer Analyse zu unterziehen, wenn man einen Weg aus der Stressfalle sucht. Zu den zentralen Grundbedürfnissen der Katze gehört

Permanenter Stress kann die Gesundheit der Katze nachhaltig schädigen. Eine genaue Analyse der häuslichen Lebensumstände und die behutsame Zuwendung durch den Menschen kann dieses Problem lösen.

ein genügend großes Platzangebot in der Wohnung: Jede Katze muss Raum zur individuellen Entfaltung und zum Rückzug haben. Naturgemäß erweitert der Zugang nach draußen den Aktionsradius der Katze und damit ihr Beschäftigungsfeld. Bei Freigängerkatzen ist die Wahrscheinlichkeit, dass sie dauerstressbedingte Probleme entwickeln, geringer als bei reinen Wohnungskatzen.

Die Wohnungskatzenproblematik erhöht sich noch, wenn viele Katzen auf engem Raum leben müssen. Das soziale Gefüge der Katzen ist sehr diffizil, schon kleine Unstimmigkeiten können zu massivem Stress und damit verbundenen Verhaltensauffälligkeiten führen. Daher ist es eine Kunst für sich, Katzengruppen harmonisch zu vergesellschaften. Manche Katzen passen einfach nicht zusammen, und ein erzwungenes Zusammenleben, oft dazu noch ohne genügende Rückzugsmöglichkeiten oder eine durchdachte Fütterung, führt unweigerlich zu starkem Stress.

Darüber hinaus übertragen auch wir Menschen unsere eigenen Sorgen und Probleme unbewusst auf die Katzen, denen sie sich dann kaum entziehen können. Insbesondere offene oder verdeckte Konflikte und Streitigkeiten zwischen den menschlichen Familienmitgliedern führen bei der sensiblen Katze zu seelischen Problemen bis hin zu Depressionen.

Die introvertierte Katze frisst ihren Kummer in sich hinein und lässt nur über sehr subtile Signale ihren emotionalen Zustand erahnen.

Der extrovertierte Charmebolzen lässt sein Umfeld unbeirrt an seiner momentanen Stimmung teilhaben.

Haarige Zustände – Der Stress

Stresstypen

Katzen reagieren auf Stress sehr unterschiedlich. Während die eine immer unruhiger wird und ruhelos durch die Wohnung streift, möglicherweise ständig miaut oder unsauber ist, frisst eine andere ihren Kummer eher in sich hinein, zieht sich mehr und mehr zurück und vereinsamt zusehends. Dieser Prozess kann sich sehr langsam und schleichend entwickeln. So wie bei uns Menschen gibt es auch unter den Katzen eher extrovertierte Typen, die ihren Stress und Kummer nach außen tragen und aktiv handeln, während introvertierte Katzen immer passiver werden und die Situation mit sich selbst auszumachen versuchen. Ungesund ist der Stress jedoch für beide Typen gleichermaßen.

Das Geheimnis des Schnurrens

Seltsamerweise ist eines der bekanntesten Merkmale des Katzenverhaltens, das Schnurren, wissenschaftlich noch nicht vollständig geklärt. Wir wissen weder ganz genau, wie Katzen dieses wohlige Geräusch erzeugen, noch warum sie es tun.

Bisher ist bekannt, dass das Schnurren wohl durch Muskelkontraktionen und die daraus resultierenden Veränderungen des Luftdrucks im Kehlkopf und in der Luftröhre entstehen. Da Katzenmütter auch während der Trächtigkeit schnurren, ist dieses tiefe, angenehme Geräusch wohl der erste Sinneseindruck, den die kleinen Katzenbabys von ihrer Mutter erfahren. Das Schnurren ist eine grundlegende Kommunikationsform unter Katzen, welche in ganz unterschiedlichen Situationen von ihnen erzeugt wird.

Wichtig zu wissen: Katzen schnurren nicht nur bei Wohlbefinden und Freude, sondern auch bei Schmerzen, Angst oder Unsicherheit und sogar bis kurz vor ihrem eigenen Tod. Vermutlich wollen sie sowohl ihr eigenes Befinden damit ausdrücken als auch sich selbst beruhigen und ihrem Gegenüber ihre momentane Stimmung mitteilen. Man kann sich das Schnurren als eine Art „alternatives Stressbewältigungsprogramm" vorstellen, das der Katze dabei hilft, den Adrenalinspiegel wieder zu regulieren und die Herzfrequenz zu senken. Die Muskeln werden angenehm entspannt, und das Schnurren trägt damit zur seelischen Balance entscheidend bei. Es ist sogar wissenschaftlich erwiesen, dass die angenehme Schnurrmelodie unserer Katzen den Heilungsprozess bei vielen Krankheiten beschleunigen kann. Nicht nur die Katze selbst kann durch die charakteristischen Vibrationen schneller wieder gesund werden, sondern sogar auf den Menschen hat das Schnurren einen die Heilung unterstützenden Effekt. Sogar Knochenbrüche heilen bei uns Menschen schneller, wenn sich eine schnurrende Katze auf unserem Schoß rekelt. Die angenehmen Vibrationen und ihre liebevolle Anteilnahme regen unseren Körper zur Regeneration an.

Stress im Mehrkatzenhaushalt vorbeugen

Für ein harmonisches Miteinander in einem Mehrkatzenhaushalt schätzen es die Katzen, ihre Wünsche im Überfluss erfüllt zu bekommen. Jede Katze muss ihre natürlichen Bedürfnisse ausleben können und darf nicht durch eine andere Katze daran gehindert werden. Die Katzen dürfen nicht gezwungen sein, um ihre Spielzeuge, Ruheplätze oder ihr Futter zu konkurrieren. Auch die Zuwendung durch den Menschen sollte bei mehreren Katzen fair auf die pelzigen Mitbewohnerinnen verteilt werden.

Als kleiner Tipp: Bei der Vergesellschaftung von Katzen können wir uns die natürlichen Markierungsstrategien mithilfe der Pheromone zunutze machen, indem wir diese Duftstoffe mit einem Baumwolltuch von dem Köpfchen der einen Katze aufnehmen und durch leichtes Streicheln mit dem Tuch auf die andere Katze übertragen. So nähern sich die Katzen geruchlich an und entwickeln leichter Vertrauen zueinander.

Im Schlaraffenland herrschen Ruhe und Frieden – meistens jedenfalls

Katzen, die sich selbst versorgen müssen, nehmen 10 bis 20 Mahlzeiten pro Tag auf, da sie nur

Unsere vierbeinigen Hausgenossen sind sehr soziale Wesen, sie pflegen ihre innigen Freundschaften ein ganzes Katzenleben lang.

verhältnismäßig kleine Beutetiere erjagen. Füttert man seine Katzen nur einmal pro Tag, entsteht eine Lücke im Zeitbudget der Katze. Sie wird sich mit etwas anderem beschäftigen müssen als mit Jagen und Fressen. Im ungünstigsten Fall werden dadurch Aggressionen aufgestaut, die sich gegen eine andere Katze, gegen die Wohnungseinrichtung oder auch gegen sich selbst richten. Umgehen kann man dieses Problem, indem man nun die Katze mit kleinen Futterspielen und das Verstecken von Leckerlis an verschiedenen Stellen im Haus dazu animiert, die schmackhaften Leckereien selbst aktiv zu suchen. Auch ein Spielball oder andere Futterspielzeuge bieten sich an. Zudem sollte der Mensch die Tagesration an Futter auf mehrere kleine Mahlzeiten am Tag verteilen.

Generell sollten mehr Futterstellen als Katzen vorhanden sein, damit nicht eine Katze den Zugang der anderen zum Futter verhindern kann. Hunger erhöht die Aggressionsbereitschaft und führt zu vermeidbaren Konflikten zwischen den Tieren.

Stille Örtchen

Da Katzen nicht gern Urin und Kot an der gleichen Stelle absetzen, sollten mehrere Toiletten zur Verfügung stehen. Als Richtwert gilt: Anzahl der Katzen + 1 = Anzahl der Katzentoiletten. Die Toiletten sollten wenigstens einmal täglich gereinigt werden, mindestens fünf Zentimeter tief mit weicher, feinkörniger Einstreu gefüllt werden und so groß sein, dass sich die Katze darin gut umdrehen und scharren kann. Zugedeckte Toiletten werden häufig wegen der entstehenden Gerüche auf dem engen Raum verweigert. Bei Mehrkatzenhaushalten sollten enge Standorte und Sackgassen vermieden werden,

Bei ihren Streifzügen durch die Gärten hat die Katze die Möglichkeit, den Ort für ihre Geschäfte selbst zu wählen.

damit keine Katze die andere unter Druck setzen kann. Dies würde zu Ängsten führen und die Wahrscheinlichkeit für Unsauberkeit erhöhen. Auch hier erweist sich ein Garten naturgemäß als enormer Vorteil, da sich die Katzen ihre Eliminationsstellen selbst aussuchen können. Gerade die Frage der Unsauberkeit ist ein heikles Thema, da Katzen sehr sensibel in diesem Bereich reagieren und schon durch kleine Unstimmigkeiten in ihrem Umfeld oder scheinbar unbedeutende Stressfaktoren unsauber werden können.

Ist bei bestehender Unsauberkeit durch den Tierarzt eine körperliche Ursache ausgeschlossen worden, so können neben der Änderung der Stress auslösenden Lebensumstände verschiedene Verhaltenstherapien unter Umständen mit der Hilfe eines Katzenexperten versucht werden. Langfristig lösen lassen sich Stressprobleme durch die Veränderung der Fütterung, viel Aufmerksamkeit und Streicheleinheiten des Katzenmenschen und der Berücksichtigung der natürlichen Bedürfnisse, soweit wir dies im häuslichen Umfeld leisten können.

Nachts sind alle KATZEN schlau

DAS SCHLAFEN UND TRÄUMEN

Obwohl es so scheint, als sei der Schlaf der inaktivste Lebensbereich im Katzendasein, so ist er biologisch gesehen ein höchst aktiver und überlebenswichtiger Prozess. Katzen verbringen viele Stunden am Tag dösend und schlafend, sie scheinen für diese Art der „Beschäftigung" wie geschaffen zu sein. Denn gerade Raubtiere benötigen den erholsamen Schlaf als Ausgleich zu ihrem aufregenden Lebensstil. Darüber hinaus gibt es noch viele weitere Besonderheiten und Aufgaben des Schlafes zu entdecken.

Die Schlafperfektionisten

Eine gesunde erwachsene Katze schläft bis zu 15 Stunden pro Tag. Die Dauer des Schlafes variiert dabei je nach Alter, Vorlieben, Gesundheit und Interessenlage der Katze. Ältere Katzen schlafen meist länger, reine Wohnungskatzen ohne viel Abwechslung verbringen ebenfalls sehr viel Zeit des Tages schlummernd, und ganz besonders im Winter schlafen fast alle Katzen mehr als im Sommer.

Die gesamte Schlafdauer wird von der Katze aber nicht an einem Stück „verschlafen", sondern gliedert sich in unterschiedlich ausgeprägte Schlaf- und Aktivitätszeiten. Viele Katzen sind deutlich dämmerungsaktiv und schlafen viel tagsüber, einige sind sogar ausschließlich nachtaktiv, und sehr viele eng an ihre Menschen gebundene Katzen nehmen den menschlichen Tagesablauf an und sind dann hauptsächlich tagaktiv und schlafen primär nachts.

Jedes ihrer einzelnen Schläfchen kann an einem anderen Ort verbracht werden. Katzen lieben es, verschiedene Schlafplätze zu haben, und suchen diese gezielt etwa für ein kurzes Mittagsschläfchen

Die ausgiebigen Nickerchen sind der wohlverdiente Ausgleich für einen aufregenden Lebensstil.

oder zum langen Ausschlafen am Morgen auf. Dabei bevorzugen sie generell weiche, warme Plätze. Einige Katzen können nur in höhlenartigen Verstecken völlig entspannt schlafen, daher bieten sich weich gepolsterte Katzenkörbe, der Platz im Kleiderschrank oder im „Himmelbettchen" besonders an. Dabei ist es auffällig, dass sich manche Katzen zu Höhlen hingezogen fühlen, die nur knapp für ihre Körpergröße ausreichend sind. Tagsüber werden auch Sonnenplätze dankbar angenommen, wenn sie weich genug sind und gern auch eine erhöhte Liegeposition bieten. Befreundete Katzen schlafen gern liebevoll aneinandergekuschelt mit engem Körperkontakt. Bei allein gehaltenen Wohnungskatzen kann der Mensch diese Funktion des Sozialpartners übernehmen. Gerade wenn die Katze viel allein ist, sollte der Körperkontakt wenigstens nachts im Bett gestattet werden. Unsichere Katzen fühlen sich ohne Körperkontakt leicht unwohl und zeigen dann vermehrt Stresssymptome.

Doch warum schlafen Katzen überhaupt? Und noch dazu so viel und so lange? Im Schlaf kann sich der Körper regenerieren, viele typische Körperfunktionen sind verändert. Atem- und Herzfrequenz, Puls und Blutdruck einer wachen Katze sind deutlich höher als bei einer schlafenden Katze. Im Schlaf erreicht das Tier einen Zustand absoluter Ruhe, und Schlafmangel kann zu diversen gesundheitlichen Problemen führen.

Nachts sind alle Katzen schlau – Das Schlafen und Träumen

Während der ausgedehnten Schlummerpausen ist das Gehirn der Katzen höchst aktiv.

Katzen verfügen zur Regelung ihres Tag-und-Nacht-Rhythmus über eine ziemlich genau funktionierende innere Uhr, die sich jeden Tag aufs Neue an der Sonne und dem Mond nachjustiert. Diese innere Uhr regelt vornehmlich den Hormonhaushalt der Katze und gibt ihr Schlafbedürfnis vor. Wahrscheinlich würde auch unsere Katze unter einem Jetlag leiden, würde sie einen Flug auf einen anderen Kontinent über sich ergehen lassen müssen, da sie ebenso wie die betroffenen Menschen Zeit bräuchte, ihre innere Uhr neu zu stellen.

Die Dauer des Schlafes ist bei kleineren Tieren wie Katze oder Maus, die einen sehr aktiven Stoffwechsel besitzen, generell länger als bei wesentlich größeren Tieren wie einer Giraffe oder einem Elefanten. Der Mensch liegt etwa in der Mitte des Schlafbedürfnisses zwischen dem Elefant mit nur etwa drei Stunden und der Katze mit durchschnittlich zwölf Stunden. Die bekannteste Erklärung zur Funktion des Schlafes ist die Regenerationstheorie, nach der sich die Organe der Katze nach Aktivität erholen müssen. Tatsächlich funktionieren viele Körperfunktionen direkt nach dem Aufstehen am besten und verschlechtern sich dann, je länger die Katze wach ist. Insbesondere die Muskulatur und das Skelett der Katze werden während ihrer Aktivität sehr stark belastet und benötigen dringend Erholung durch den Schlaf. Ebenso funktionieren bei Katze und Mensch die Wundheilung und die Regeneration bei Krankheiten am besten im Schlaf. Nicht umsonst heißt es: „Schlaf ist die beste Medizin."

Weiterhin scheint der Schlaf wichtig für die Entwicklung der heranwachsenden Kätzchen zu sein. Die Jungtiere benötigen den Schlaf als Quelle der Entwicklung ihrer Nervenzellen, und so bildet sich quasi beim Schlummern ein Teil ihrer Persönlichkeit heraus. Die psychische Hypothese zur Funktion des Schlafes verweist darauf, dass erst im Schlaf die lebensnotwendige Verarbeitung der schier unerschöpflichen Außenreize des Tages geleistet werden kann. Nur während der Ruhephase des Schlafes kann das Katzengehirn all die Eindrücke zu sinnvollen Erinnerungen umwandeln und ihre psychische Balance wiederherstellen.

Nicht zuletzt ist der Schlaf für das Lernverhalten der Katzen von entscheidender Bedeutung. Es konnte im Versuch gezeigt werden, dass Katzen deutliche Trainingsfortschritte erzielten, wenn sie zwischendurch ein Nickerchen halten durften. Dieses Phänomen kann jeder ganz einfach bei seiner eigenen Hauskatze einmal ausprobieren. Wir geben unserer Katze immer gleichzeitig zusammen mit dem Klick eines Kugelschreibers ein Leckerli. Nach etwa zehn Wiederholungen können wir eine Pause machen und das Geräusch erst dann wiederholen, wenn die Katze ihr Interesse verloren hat und in eine andere Richtung schaut. Viele Katzen werden sich dann entweder sofort suchend nach dem Leckerli umdrehen oder aber zumindest eine vage Reaktion zeigen. Jetzt warten wir einen Tag und geben der Katze die Gelegenheit, diese Trainingseinheit zu überschlafen. Wir werden mit Erstaunen feststellen, dass plötzlich ohne weitere Übung unserem Leckermäulchen die Kombination von Geräusch und Leckerli in Fleisch und Blut übergegangen ist. Unser ausgeschlafener Stubentiger reagiert nun auf das Klickgeräusch ohne Verzögerung und wird sofort angetippelt kommen und das ersehnte Leckerli suchen. Nach einer erfolgreichen Nacht des Lernens vollführt unsere kleine Intelligenzbestie also den Clickertrick noch besser als am ersten Tag.

Schnurrende Träume

Der einzelne Schlafzyklus einer Katze dauert nur etwa 30 Minuten. Zum Vergleich: Der Mensch durchschläft in der Nacht sich wiederholende Zyklen von jeweils bis zu 90 Minuten. Die Schlaftiefe der Katze reicht in den ersten 25 Minuten von sehr leicht bis hin zur Tiefschlafphase, um dann für etwa fünf Minuten in die sogenannte REM-Phase, die Phase der Träume, einzutreten. Aus dieser Traumphase erwacht die Katze häufig kurz, um dann erneut einzuschlafen.

Natürlich sind uns weder die Träume anderer Menschen und erst recht nicht die Träume unserer Katzen direkt zugänglich. Häufig bleiben uns ja selbst unsere eigenen Träume verborgen. Wie können wir nun überhaupt wissen, dass unsere Katze träumt? Genau wie bei uns Menschen erschlafft bei der Katze in der REM-Phase die Muskulatur fast vollständig, und gleichzeitig vollführt sie ruckartige, schnelle Augenbewegungen hinter den geschlossenen Augenlidern, denen diese typische Traumphase ihren Namen verdankt: Die Abkürzung REM steht für den englischen Begriff „rapid eye movement". Die gesamte Mimik der Katze

Nachts sind alle Katzen schlau – Das Schlafen und Träumen

In der Traumphase verarbeitet die Katze ebenso wie der Mensch die Erlebnisse des Tages.

verändert sich dann dramatisch, ihre Schnurrhaare zucken, der Mund bewegt sich, sie sträubt vielleicht das Fell oder bewegt im Schlaf sogar ihre Beine, als würde sie laufen oder eine Maus fangen. Manche Katzen miauen oder gurren sogar im Schlaf.

All diese zu beobachtenden Merkmale sprechen dafür, dass Katzen ganz ähnlich wie Menschen im Traum entweder die erlebte Realität erneut durchleben oder aber sich in einer fantasievollen Traumwelt bewegen, die von intensiven Gefühlen begleitet wird und sich mit ihren imaginären Geschichten der Kontrolle des rationalen Verstandes entzieht. Das träumende Katzengehirn ist ebenso aktiv in dieser Phase wie das unsrige. Auch Katzen scheinen sich nach dem Aufwachen nur selten an den Inhalt ihrer Träume zu erinnern. Aber ebenso gibt es Beobachtungen, die auf echte Albträume schließen lassen, wenn zum Beispiel betroffene Katzen ängstlich fauchend aus ihrer Traumphase hochschrecken und scheinbar orientierungslos nach einem nicht vorhandenen Gegner Ausschau halten.

Wie man sich bettet ...

Beobachtet man verschiedene Katzen während ihres Schlafes, so wird deutlich, dass sich die einzelnen Individuen ganz unterschiedlich zur Ruhe betten. Der unglaublichen Vielzahl an möglichen Schlafpositionen sind anscheinend keine Grenzen gesetzt. Einige Katzen schlafen einfach in Seitenlage, während andere die Brust-Bauch-Lage bevorzugen. Nur wenn sich Katzen sehr sicher und wohlfühlen, liegen sie flach auf ihrem Rücken und strecken alle vier Beine weit von sich. Unsichere oder ängstliche Katzen schlafen zumeist auf ihren vier Pfötchen, um bei Gefahr sofort wieder auf den Beinen zu sein. Einige Spezialisten betten sich dermaßen verdreht und unbequem, dass uns Menschen schon vom Zusehen der Rücken schmerzt, aber diese Katzen scheinen sich in solchen Positionen besonders gut zu entspannen. Die Schlafhaltung hängt natürlich immer von den individuellen Vorlieben der Katze ab, wird aber auch von den Temperaturverhältnissen maßgeblich beeinflusst. Bei Kälte versuchen viele Katzen, ihre Beine und den Schwanz an den Körper zu schmiegen, und rollen sich genüsslich ein. Im heißen Sommer dagegen, wenn es unter dem Pelz schon unerträglich heiß ist, werden im Schlaf alle Beine und auch der Schwanz möglichst weit vom Körper weggestreckt.

Nachts sind alle Katzen schlau – Das Schlafen und Träumen

Auch Katzen können dem Anschein nach von Albträumen geplagt werden, sie schrecken dann hoch, fauchen und wirken vorübergehend verunsichert.

Schlafstörungen

Schlafstörungen plagen nicht nur manche Menschen, sondern sind leider auch bei Katzen bekannt. Eine Verringerung der normalen Schlafdauer auf weniger als zwölf Stunden kann ein Anzeichen für ein echtes Schlafproblem sein. Als Ursachen kommen neben schmerzhaften Erkrankungen auch Stress, Angststörungen oder Hyperaktivität infrage. Insbesondere das ständige Hochschrecken aus einem extrem leichten Schlaf kann Folge eines Stressproblems sein. Die Katze ist dann so stark auf die Beobachtung ihrer Umgebung eingestellt, dass sie nicht zur Ruhe kommt.

Sehr alte Katzen scheinen manchmal ihrer inneren Uhr nicht zu trauen und können dann ihren Tag-und-Nacht-Rhythmus nicht mehr richtig regulieren. Sie leiden teilweise ebenso wie demenzkranke Menschen an Orientierungslosigkeit und unter Schlafstörungen. Eine starke Verlängerung der normalen Schlafdauer findet man oft bei depressiven Katzen, die sich mehr und mehr aus dem realen Leben zurückziehen. Auffällige Veränderungen im Schlafverhalten einer Katze sollten immer durch einen Tiermediziner abgeklärt werden, aber auch Störungen beziehungsweise unscheinbare Veränderungen im häuslichen Umfeld können hier die Ursache sein.

Der paradoxe Schlaf

Jede Schlafphase lässt sich einem ganz spezifischen Gehirnwellenmuster zuordnen. Diese Wellenmuster gleichen sich prinzipiell bei uns Menschen und unseren Katzen. Jeder Schlaf beginnt mit der Leichtschlafphase, hier werden die normalen Gehirnwellen aus dem Wachzustand leicht herabgesetzt, und die Muskeln beginnen sich zu entspannen. In der Tiefschlafphase sind die Wellenmuster sehr stark abgesenkt, sowohl Menschen wie auch Katzen, die aus diesem Stadium aufgeweckt werden, wirken sehr desorientiert und müde. Die REM-Phase hingegen ist eine ganz besondere Phase des Schlafes. Sie unterscheidet sich nicht nur durch ihre äußeren Anzeichen, wie bereits erwähnt wurde, sondern auch durch ihr eigentümliches Gehirnwellenmuster. Hier sind die Wellen nicht im Gleichklang, sondern es herrscht ein wahres Wellenchaos, das Gehirn scheint hellwach zu sein und zeigt in dieser Traumphase eine unglaubliche Aktivität, daher spricht man auch vom paradoxen Schlaf.

Nachts sind alle Katzen schlau – Das Schlafen und Träumen

Während der nächtlichen Katzenversammlungen pflegen die Samtpfoten heimlich den Kontakt zu ihren Artgenossen.

Das geheime Nachtleben

Ein Geheimnis der nächtlichen Aktivität unserer Samtpfoten sind die seltsamen und bisher kaum erforschten Katzenversammlungen. Wie durch eine telepathische Verabredung treffen sich kleine Gruppen von Katzen an einem bestimmten Ort zu einer scheinbar vorherbestimmten Zeit, um dort ein rätselhaftes Ritual abzuhalten. Manche Tiere halten dabei engen Körperkontakt, während andere etwa ein bis drei Meter voneinander entfernt Platz nehmen. Sie bleiben bei diesen Versammlungen einige Zeit stumm nebeneinander sitzen. Möglicherweise tauschen sie sich auf bisher für uns unbekannte Art und Weise untereinander aus. Vielleicht genießen sie aber auch einfach nur die Nähe ihrer Artgenossen und das Gefühl, etwas ganz Besonderes zu sein, um sich dann ebenso still und leise wieder voneinander zu verabschieden. Was auch immer diese mysteriösen Katzenversammlungen zu bedeuten haben: Sie zeigen eindrucksvoll, dass Katzen zwar keine echten „Rudel" bilden, aber dennoch sehr soziale Tiere sind. Um ihren berüchtigten Ruf als eingefleischte Einzelgänger zu wahren, pflegen sie ihre sozialen Beziehungen zu ihren Artgenossen aber doch lieber heimlich bei Nacht und Nebel.

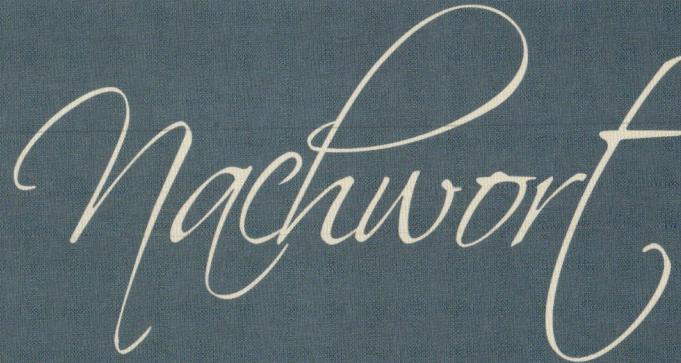

Nachwort

Was haben wir nun über unsere Katze erfahren? Ihre katzentypische Art der Intelligenz wird von uns Menschen häufig noch unterschätzt. Dabei schneidet sie bei menschlichen Intelligenztests mindestens ebenso gut ab wie ein Kleinkind. Und in Bezug auf ihre wilde Cleverness, ihren Charme und ihren ausgeprägten Überlebensinstinkt sind wir verweichlichten Menschen dem kleinen Beutegreifer ohnehin haushoch unterlegen.

Es ist schon erstaunlich, wie harmonisch das Zusammenleben von Katzen und Menschen funktioniert, wenn man bedenkt, dass unsere prähistorischen Vorfahren vor gerade einmal 300 Generationen noch um ihr Leben rennen mussten bei der Begegnung mit der lebensbedrohlichen Verwandtschaft unserer heute so zahm erscheinenden Hauskatzen. Heute besteht die Beziehung der Katzenmenschen zu ihrem geliebten Haustier nicht nur in einer friedlichen Koexistenz, sondern gleicht im Idealfall eher einer Symbiose, in der jeder Partner das Glück seines Gegenübers mehren möchte und sich seinem Seelenverwandten voll und ganz anvertraut hat.

Katzen sind die tollste Erfindung der Natur, und wir können uns überaus glücklich schätzen, dass sie damals als Mäusejäger die aufstrebende menschliche Kultur tatkräftig unterstützten. Wie selbstverständlich nehmen sie heute einen zentralen Bezugspunkt unseres Lebens ein und belohnen uns großzügig allein durch ihre vollkommene Anwesenheit, ihren unaufgeregten Lebensstil und ihre bedingungslose Zuneigung zu uns unbeholfenen Nichtkatzen. Während andere Menschen ein Wellness-Wochenende zur Entspannung buchen müssen, reicht uns Katzenliebhabern der Anblick unserer schlafenden Samtpfoten, ihr wohliges Schnurren und ihre zärtliche Berührung, um den menschlichen Sorgen des Alltags ein Stück weit entfliehen zu können. Es ist ein einzigartiges Geschenk der Natur, dass zwei so unterschiedliche Arten eine so innige Verbindung eingehen konnten. Zu jeder harmonischen Beziehung gehört auch die Fähigkeit, genau hinzusehen und hinzuhören. Ich wünsche Ihnen, dass Sie dies können und dass Sie Ihrer geliebten Katze jederzeit neugierig und aufgeschlossen begegnen.

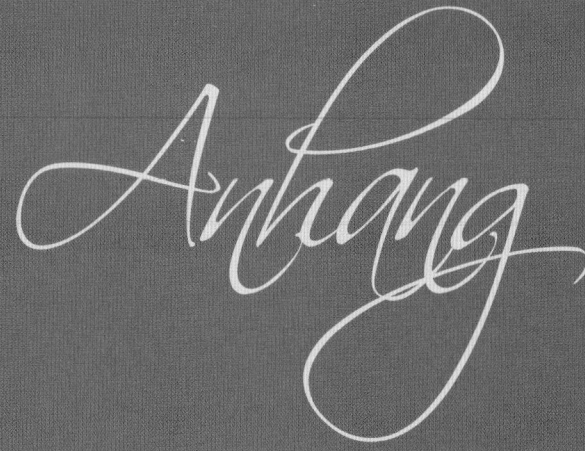

Anhang

Tipps zum Weiterlesen

Braun, Martina: Clickertraining für Katzen.
Cadmos: Brunsbek, 2005.

Braun, Martina: Kätzisch für Nichtkatzen.
Cadmos: Brunsbek, 2007.

Dbalý, Helena/Sigl, Stefanie:
Das Spielebuch für Katzen.
Cadmos: Brunsbek, 2008.

Hauschild, Christine: Trickschule für Katzen:
Spiel und Spaß mit Köpfchen.
Cadmos: Schwarzenbek, 2010.

Leyhausen, Paul: Katzenseele:
Wesen und Sozialverhalten.
Kosmos: Stuttgart, 2005.

Vorbrich, Susanne:
Das Wohlfühlbuch für Wohnungskatzen.
Cadmos: Brunsbek, 2005.

Kontakt zur Autorin

www.cleverekatzen.de: Homepage von Marlitt Wendt mit Informationen zu den Themen Katzenverhalten, Spiel mit Katzen und Clickertraining.

Register

Abstrahieren	50
Adrenalinspiegel	74 f.
Alarmphase	74
Altersdemenz	24
Angst	13, 18
Ärger	13
Basisemotionen	13 f.
Belohnungslernen	26
Belohnungszentrum	43
Beobachtungslernen	29
Bindungshormon	71
Blut-Hirn-Schranke	43
Clickertraining	51
Dauerstress	75
Dopamin	42 f.
Duftstoffe	34 f.
Emotionen	11, 13, 17
Erdbeben	36
Erschöpfungsphase	75
Fight	15 f.
Flehmen	35
Flight	15 f.
Flirt	15 f.
Freeze	15 f.
Freude	14
Freundschaften	68
Gedächtnis	47 f.
Gehirn	39 f., 43
Gehirnjogging	51
generalisieren	50 f.
Geruchssinn	33 f.
Gleichgewichtssinn	37
Glück	42 f., 65, 67, 71
Glückszentrum	14, 67
Grooming	69
Hören	33
Intelligenz	47
Intelligenzspielzeug	52
Jacobsonsches Organ	35
Katzenauge	32 f.
Katzenbuckel	17
Katzenkind	23 ff., 27 ff., 59
Katzentoilette	79
Katzenversammlungen	89
Kognition	21
Kommunikation	54
Kompass, innerer	36
Kontaktliegen	68
Körperbewusstsein	25
Körpersinn	37
Körpersprache	16 f.
Kratzmarkieren	69
Kreativität	48 f.
Kurzzeitgedächtnis	47
Landkarte, innere	24
Langzeitgedächtnis	47 f.

Register

Laserpointer	63
Lernen	21, 23, 25
Lernfähigkeit	22, 26
Lerntyp	26
Mehrkatzenhaushalt	78 f.
Motivation	22, 26 f.
Mutterglück	71
Nervenzellen	42
Neuronen	42
Neurotransmitter	42
Nucleus accumbens	43
Objektpermanenz	23
Orientierungsphase, sensorische	21
Oxytocin	71
Pheromone	34
Pupillengröße	18
Raubtier	18, 40, 61
rolling skin	17
Schlaf	81 f.
Schlaf, paradoxer	88
Schlafdauer	81, 83
Schlafpositionen	86
Schlafstörungen	88
Schnurren	77
Schnurrhaare	35
Schubladendenken	50
Schwanzhaltung	18
Sehen	31 ff.
Selbstbelohnung	69
Selbstkontrolle	61
Serotonin	42
Sinne	31, 40
Sozialisierungsprozess	23
Sozialverhalten	68 f.
Spiel	57, 61, 66
Spiel, individuelles	59
Spiel, soziales	58
Spielen	57, 62 f.
Spielverhalten	60
Streicheln	69
Stress	73 ff.
Stresstypen	77
Tapetum lucidum	33
Tasthaare	35 f.
Tastsinn	35
Timing	27
Träume	84 f.
Unsauberkeit	79
Verstärkung, positive	26
Versuch und Irrtum	29
Widerstandsphase	74
Wohlbefinden	65
Zahlenverständnis	53

CADMOS Katzenbücher

Susanne Vorbrich
EIN KATZENKIND KOMMT INS HAUS

Wenn ein Katzenkind ins Haus kommt, gibt es vieles zu beachten. Dieses Buch beschreibt, wie man die ersten Stunden, Wochen und Monate mit dem kleinen Stubentiger so gestaltet, dass der Familienzuwachs optimal heranwächst – von der Eingewöhnung in das neue Heim über Fütterung und Pflege bis hin zu Spiel und Erziehung. So steht der Entwicklung vom putzigen Fellknäuel hin zu einem anmutigen und gelassenen Haustier nichts mehr im Wege.

96 Seiten, farbig, broschiert
ISBN 978-3-86127-131-4

Martina Braun

KÄTZISCH FÜR NICHTKATZEN

Miauen, fauchen und schnurren – das ist längst nicht alles, was eine Katze an Lauten zu bieten hat! Martina Braun geht den vielfältigen Kommunikationsmitteln unserer Stubentiger auf den Grund und beschäftigt sich dabei auch mit Mimik und Gestik, Körperhaltung und besonderen Verhaltensweisen. Wer mehr über die Sprache „Kätzisch" erfährt, kann seine eigene Katze besser verstehen, typische Probleme lösen und die Beziehung zu ihr noch schöner gestalten.

80 Seiten, farbig, broschiert
ISBN 978-3-86127-130-7

Traute Cramer

WENN KATZEN KOCHEN KÖNNTEN

Auch bei Katzen geht Liebe durch den Magen. Wenn ihr „Dosenöffner" ihnen etwas Selbstgekochtes präsentiert, erweisen sie sich als echte Gourmets. Dieses Buch präsentiert eine Vielzahl köstlicher Rezepte für zwischendurch oder für besondere Gelegenheiten. Übrigens: Die meisten von ihnen eignen sich mit den beigefügten Tipps zum Nachwürzen oder in leichter Abwandlung auch für Zweibeiner!

80 Seiten, farbig, broschiert
ISBN 978-3-8404-4005-2

Christine Hauschild

TRICKSCHULE FÜR KATZEN

Viele Katzen sind im Alltagstrott des Wohnungslebens hoffnungslos unterfordert. Dieses Buch zeigt, wie man mithilfe des Clickertrainings die Langeweile des Stubentigers durchbrechen, Verhaltensproblemen vorbeugen und zugleich auch noch das Staunen seiner Mitmenschen auf sich ziehen kann. Ob Nasenküsschen, Slalom oder Sprung durch den Reifen – wenn man weiß, wie es geht, ist Spaß für Katze und Mensch beim gemeinsamen Einstudieren garantiert!

96 Seiten, farbig, broschiert
ISBN 978-3-8404-4004-5

Martina Braun

CLICKERTRAINING FÜR KATZEN

Mit einem Click geht alles besser! Viel Spaß und Abwechslung bringt der Clicker in den Alltag des Stubentigers und seines Besitzers. Ob das stressfreie Betreten der Transportbox oder sogar ein richtiges Kunststück gelernt werden soll: Mithilfe des Clickertrainings ist bei Katzen Erstaunliches möglich!

80 Seiten, farbig, broschiert
ISBN 978-3-86127-124-6

Cadmos Verlag GmbH · Möllner Straße 47 · 21493 Schwarzenbek
Tel. 04151 87 90 7-0 · Fax 04151 87 90 7-12 · www.cadmos.de